中等职业教育国家规划教材
全国中等职业教育教材审定委员会审定

C 语言编程基础

（第 4 版）

向　华　王　森　主　编

電子工業出版社
Publishing House of Electronics Industry
北京 · BEIJING

内 容 简 介

本书分为基础知识模块和选用模块两篇 10 章。主要内容有 C 语言概述、Dev-C++集成开发环境的使用方法、C 语言的数据类型、表达式与运算符、数据的输入与输出、C 语言控制结构程序设计、数组、C 语言函数的定义与调用、文件、编译预处理与指针操作等。

全书强调实际编程能力的培养，知识结构完整、例题设计精心、习题丰富多样。此外，每章末尾还提供上机实习指导及目的明确、内容详尽的上机实习题目，极大地方便了教与学。

本书针对中等职业教育层次，难易适中、实用性强。本书可作为中等职业学校计算机相关专业的教材，也可作为其他专业的选修教材及计算机编程爱好者的自学参考书。

图书在版编目（CIP）数据

C 语言编程基础 / 向华，王森主编. -- 4 版.
北京 : 电子工业出版社，2024. 12. -- ISBN 978-7-121-49697-4

Ⅰ. TP312.8

中国国家版本馆 CIP 数据核字第 2025YD7319 号

责任编辑：罗美娜　　文字编辑：戴　新
印　　刷：涿州市般润文化传播有限公司
装　　订：涿州市般润文化传播有限公司
出版发行：电子工业出版社
　　　　　北京市海淀区万寿路 173 信箱　邮编　100036
开　　本：880×1 230　1/16　印张：15.25　字数：341.6 千字
版　　次：2004 年 2 月第 1 版
　　　　　2024 年 12 月第 4 版
印　　次：2024 年 12 月第 1 次印刷
定　　价：45.00 元

凡所购买电子工业出版社图书有缺损问题，请向购买书店调换。若书店售缺，请与本社发行部联系，联系及邮购电话：（010）88254888，88258888。

质量投诉请发邮件至 zlts@phei.com.cn，盗版侵权举报请发邮件至 dbqq@phei.com.cn。

本书咨询联系方式：（010）88254617，luomn@phei.com.cn。

前言

本书的前三版出版后，被全国多个省、市的中等职业学校采用，除作为专业教材外，还被许多相近专业作为选修课教材，并受到了 C 语言爱好者和初学者的普遍欢迎，使用效果良好，发行量较大。本书在第 3 版的基础上改编，详细介绍了 C 语言的基础知识、数据类型、控制结构程序设计及相关控制语句、数组、函数、文件、指针等，适合中等职业学校计算机相关专业的学生使用。

本书在前三版的基础上做了较大范围的修订，包括以下几方面。

（1）开发平台由 DOS 系统的 Turbo C，升级为目前的主流开发平台 Dev-C++，并详细介绍 Dev-C++集成开发环境的使用方法。

（2）全部源代码均加上了必要的头文件，以对应 Dev-C++集成开发环境。

（3）对前三版源代码中 Turbo C 特有的库函数（如 clrscr()、randomize()、random()、gotoxy()等）进行了改写，代之以 Dev-C++的相应函数。

（4）按 Dev-C++的语法规范，修正了有关函数声明的约定，以及形参声明的格式。

（5）优化了部分程序的源代码，在 Dev-C++平台上对全书例题进行了重新测试。

（6）修订了部分例题及上机实习题目，以提高对知识点的覆盖面。

本书由成都职业技术学院向华副教授和石家庄职业技术学院王森教授主编。在本书的编写过程中，得到了出版社和同行老师们的支持与帮助，在此一并表示诚挚的感谢！由于编者水平有限，书中难免存在不足之处，敬请广大读者批评指正。

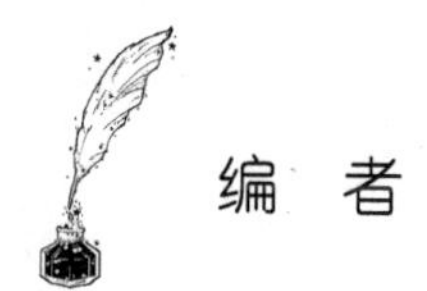

编　者

CONTENTS

目录

第一篇　基础知识模块

第二篇　选用模块

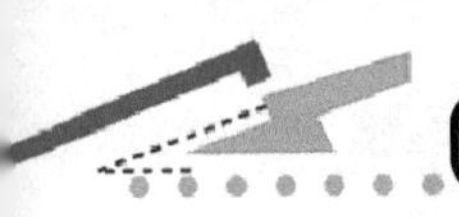
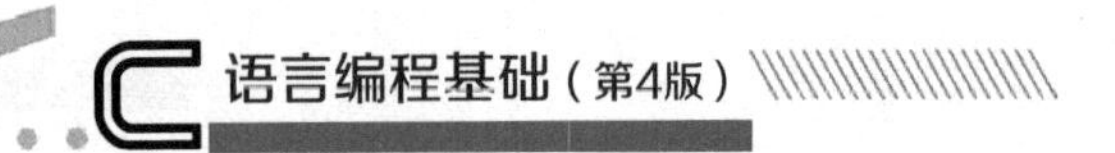

第一篇　基础知识模块

基础知识模块是中等职业学校计算机及应用专业学生必须掌握的知识，其教学目标是：

1. 理解编程语言的基本概念，具有使用C语言编程的能力；
2. 掌握结构化程序设计的方法和技巧；
3. 掌握C语言的基本语法、基本符号、词汇等；
4. 掌握数据类型、函数、语句的基本知识及其应用；
5. 理解编程语言有关算法的思想；
6. 掌握数组知识和使用数组的方法；
7. 初步掌握文件的使用方法；
8. 具有阅读程序的能力并掌握上机调试程序的方法。

同时，在教学中，注意锻炼学生的逻辑思维能力；教育学生要具有严谨的学风、创新意识和创新精神、科学的求学态度，以及互助合作的团队精神。

第1章

C语言概述

C 语言是较为流行的一种编程语言。随着计算机的普及和发展，C 语言在各个领域的应用越来越广泛。几乎各类计算机都支持 C 语言的开发环境，这为 C 语言的普及和应用奠定了基础。本章主要介绍 C 程序的结构、C 语言的基本语法、C 语言集成开发环境等 C 语言的基本知识。

【本章要点】

（1）C 语言的发展及特点。

（2）C 程序的基本结构。

（3）C 语言的基本符号与词汇。

（4）C 语言集成开发环境。

【学习目标】

（1）掌握 C 程序的基本结构。

（2）掌握 C 语言的基本符号与词汇。

（3）了解 Dev-C++集成开发环境的基本使用方法。

（4）能够在 Dev-C++中熟练地编辑和运行最简单的 C 程序。

【课时建议】

讲授 2 课时，上机 2 课时（利用机动课时）。

1.1 C 语言简史及特点

1.1.1 C 语言的发展

C 语言是一种编译性程序设计语言，它与 UNIX 操作系统紧密地联系在一起。UNIX 系统是通用的、交互式的计算机操作系统，它诞生于1969年，是由美国贝尔实验室的K.Thompson

和 D.M.Ritchie 用汇编语言开发的。

C 语言的前身是 BCPL 语言。1967 年英国剑桥大学的 Martin Richard 推出 BCPL 语言（Basic Combined Programming Language）。1970 年贝尔实验室的 K.Thompson 以 BCPL 语言为基础，开发了 B 语言，并用 B 语言编写了 UNIX 操作系统，在 PDP-7 计算机上实现。1972 年贝尔实验室的 D.M.Ritchie 在 B 语言的基础上设计出 C 语言，C 语言既保持了 BCPL 语言和 B 语言的精练、接近硬件的优点，又克服了它们过于简单的缺点。1973 年，K.Thompson 和 D.M.Ritchie 合作把 UNIX 90%以上的部分用 C 语言改写，并加进了多道程序设计的功能，称为 UNIX 第五版，打开了 UNIX 系统发展的新局面。1975 年 UNIX 第六版颁布后，C 语言得到计算机界的普遍认可，从此，C 语言与 UNIX 系统一起互相促进，迅速发展。

最初，设计 C 语言只是为了描述和实现 UNIX 操作系统。目前，C 语言已独立于 UNIX 系统，先后被移植到大、中、小型计算机及微机上。1978 年，B.Kernighan 和 D.M.Ritchie 合作编写了经典著作 *The C Programming Language*，它是目前所有 C 语言版本的基础。1983 年美国国家标准化协会（ANSI）对 C 语言问世以来的各种版本进行了扩充，制定了 ANSI C。现在流行的 C 语言版本有：Microsoft C、Turbo C、Quick C、Borland C 及 Dev-C++等。本书主要介绍 Dev-C++。

1.1.2 C 语言的特点

C 语言具有以下几个基本特点。

（1）C 语言是结构化程序设计语言。C 语言程序的逻辑结构可以用顺序、选择和循环三种基本结构组成，便于采用自顶而下、逐步细化的结构化程序设计技术。用 C 语言编写的程序，具有容易理解、便于维护的优点。

（2）C 语言是模块化程序设计语言。C 语言的函数结构、程序模块间的相互调用及数据传递和数据共享技术，为大型软件设计的模块化分解技术，以及软件工程技术的应用提供了强有力的支持。

（3）C 语言具有丰富的运算能力。C 语言除了具有一般高级语言所拥有的四则运算及逻辑运算功能，还具有二进制的位（bit）运算、单项运算和复合运算等功能。

（4）C 语言具有丰富的数据类型和较强的数据处理能力。C 语言不但具有整型、实型、双精度型，还具有结构、联合等构造数据类型，并为用户提供了自定义数据类型。此外，C 语言还具有预处理能力，能够对字符串或特定参数进行宏定义。

（5）C 语言具有较强的移植性。C 语言程序本身并不依赖于计算机的硬件系统，只要在不同种类的计算机上配置 C 语言编译系统，即可达到程序移植的目的。

（6）C 语言不但具有高级语言的特性，还具有汇编语言的特性。C 语言既有高级语言面向用户、容易记忆、便于阅读和书写的优点，又有面向硬件和系统，可以直接访问硬件的功能。

（7）C 语言具有较好的通用性。它既可用于编写操作系统、编译程序等系统软件，也可用于编写各种应用软件。

1.2 C语言程序

1.2.1 几个典型的C语言程序

C 语言的源程序由一个或多个函数组成，每个函数完成一种指定的操作，所以有人又把C语言称为函数式语言。下面，通过3个简单的例子来了解C程言程序的基本结构。

【例 1.1】运行时在屏幕上显示信息“Hello!”。

```
#include <stdio.h>
main()
{
 printf("Hello! \n");
}
```

运行结果：

```
Hello!
```

程序说明：

（1）C 语言程序由一系列函数组成，这些函数中必须有且只有一个名为 main 的函数，这个函数称为主函数，整个程序从主函数开始执行。在【例 1.1】中，只有一个主函数而无其他函数。

（2）程序第 1 行的#include 是一条编译预处理命令，其作用是将所需的头文件（即后缀为.h 的文件）包含到源程序文件中，头文件中包含了所需调用的库函数的有关信息。在使用标准输入/输出库函数时，要用到“stdio.h”头文件中提供的信息。本程序调用了格式输出函数 printf()，因此必须在程序的开头使用#include <stdio.h>命令。

（3）程序第 2 行中的 main 是主函数的函数名，main 后面的一对圆括号是函数定义的标志，不能省略。

（4）程序第 4 行的 printf 是 C 语言的格式输出函数，在本程序中，printf 函数的作用是输出圆括号内双引号之间的字符串，其中“\n”为换行符。第 4 行末尾的分号，则是 C 语言语句结束的标志。

（5）程序第 3 行和第 5 行是一对花括号，在这里表示函数体的开始和结束。一个函数中要执行的语句都写在函数体中。

【例 1.2】求两数之和。

```
#include <stdio.h>
main()
{
```

```
int a,b,sum;        /* 定义三个变量 */
a=10;               /* 给变量 a 赋值 */
b=26;               /* 给变量 b 赋值 */
sum=a+b;            /* 求 a 和 b 之和，并把计算结果赋值给变量 sum */
printf("sum=%d\n",sum);        /* 输出变量 sum 的值 */
}
```

运行结果：

```
sum=36
```

程序说明：

（1）这个程序由一个主函数组成，其中，第 4 行的 int 表示定义变量类型为整型，该行定义了 a、b、sum 这 3 个整型变量。

（2）程序第 5 至第 7 行中的语句均为赋值语句，“=”为赋值运算符，作用是将其右边的常量或表达式的值赋值给左边的变量。

（3）第 8 行中的“%d”是格式输入/输出函数中的格式字符串，在此表示以十进制整数的形式输出变量 sum 的值。程序运行时，“%d”的位置被 sum 的值取代。

（4）程序中多次出现的“/*”和“*/”是一对注释符，注释的内容写在这对注释符之间。注释内容对程序的编译和运行不起任何作用，其目的是提高程序的可读性。在必要的地方给程序加上注释是一个好习惯，这使程序易于理解，而对程序的理解是进一步修改和调试程序的基础。“/*......*/”是多行注释符，其注释信息可以跨行。此外，还有单行注释符“//”，“//”之后的与其在同一行的内容为注释信息，如：

```
int a,b,sum;    // 定义3个变量
```

【例 1.3】求一个数的平方。

```
#include <stdio.h>
int f(int n)          /* 定义 f 函数，n 为形式参数 */
{
 int t;
 t=n*n;               /* 求 n 的平方，并把结果赋值给变量 t */
 return t;            /* 返回变量 t 的值 */
}
main()
{
 int a,p;
 printf("输入一个整数：");
 scanf("%d",&a);  /* 输入一个整数到变量 a 中 */
 p=f(a);              /* 调用 f 函数求 a 值的平方，并把函数的返回值赋值给变量 p */
 printf("%d 的平方是%d",a,p);
}
```

运行结果：

```
输入一个整数：5 ↙
```

```
5 的平方是 25
```

程序说明：

（1）这个程序的功能是，输入一个整数，输出该整数的平方值。程序由两个函数组成，一个是 main()函数，一个是 f()函数。这两个函数的定义是相互独立的。

（2）f()函数的功能是求 n 的平方，并返回 n 的平方值。在 main()函数的第 6 行调用 f()函数时，把变量 a 的值传递给形式参数 n，因此，调用 f()函数的结果是求得了 a 值的平方。

1.2.2 C 语言程序的基本结构

通过上面 3 个例子，可以把 C 语言程序的基本结构归结如下：

（1）C 语言程序由函数构成。函数是构成 C 语言程序的基本单位，即 C 语言程序由一个或多个函数组成，其中必须有且只有一个名为 main 的主函数。如在前面的【例 1.1】和【例 1.2】中，均只有一个 main()函数，而在【例 1.3】中，则有 main()和 f()两个函数。

（2）每个函数的基本结构如下：

```
函数名()
{
 语句1;
 …
 语句n;
}
```

有的函数在定义时，函数名后的圆括号内有形式参数，如【例 1.3】中的 f()函数。{}内则是由若干语句组成的函数体，每个语句必须以分号结束。C 语言的书写格式较自由，一行内可以写多个语句，一个语句很长时也可以分写在多行上。

（3）各个函数的定义是相互独立的，主函数可以定义在其他函数之前，也可以定义在其他函数之后，但程序的执行总是从主函数开始的。

1.2.3 C 语言的基本符号与词汇

任何程序设计语言都规定了自己的一套基本符号和词汇，C 语言也不例外。

1. C 语言的基本符号集

C 语言的基本符号集采用 ASCII 码字符集，包括：

（1）大小写英文字母各 26 个。

（2）10 个阿拉伯数字 0～9。

（3）其他特殊符号，包括以下运算符和操作符：

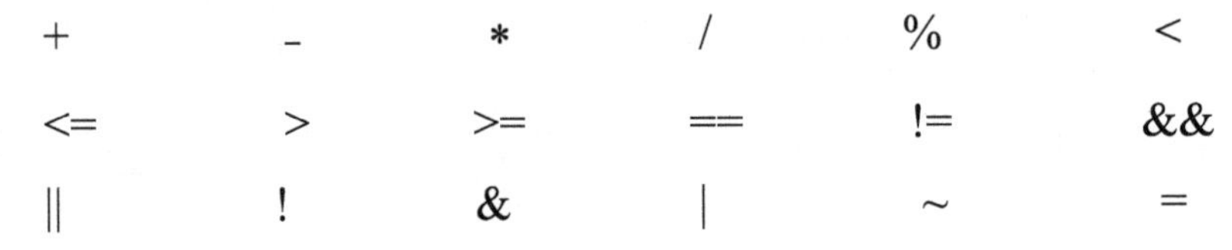

```
++      --      ?:      <<      >>      ()
[ ]     .       ->      ^       #       sizeof
+=      -=      *=      /=      %=      &=
^=      |=      ,
```

2. C 语言的词汇

（1）标识符。程序中用来标识变量名、函数名、数组名、数据类型名等的有效字符序列称为标识符。简单地说，标识符就是一个名字。

标识符的构成规则如下：

① 标识符只能由英文字母（A～Z，a～z）、数字（0～9）和下画线（_）三类符号组成，但第一个字符必须是字母或下画线。例如，下面的标识符是合法的：

```
sum，Sum，n2，_average，a_3，student_2_name
```

下面是不合法的标识符：

```
num-1，a#3，2student，!sum_2，number.3
```

② 大写字母与小写字母含义不同，如 sum、Sum、SUM 表示 3 个完全不同的标识符。

③ 一般的 C 语言编译系统只取标识符的前 8 个字符为有效字符，而 Dev-C++则取标识符的前 32 个字符为有效字符。

④ 通常，命名标识符时应该做到“常用取简，专用取繁”。一般情况下，标识符的长度在 8 个字符以内就可以了。

（2）关键字。关键字又称为保留字，是 C 语言编译系统所固有的具有专门意义的标识符。C 语言的关键字有 32 个，一般用作 C 语言的数据类型名或语句名，如表 1-1 所示。

表 1-1　C 语言关键字

描述类型定义	描述存储类型	描述数据类型	描述语句
typedef	auto	char	break
void	extern	double	continue
	static	float	switch
	register	int	case
		long	default
		short	if
		struct	else
		union	do
		unsigned	for
		const	while
		enum	goto
		signed	sizeof
		volatile	return

说明：

① 所有关键字的字母均采用小写。

② 关键字不能再用作自定义的常量、变量、函数和类型等的名字。

1.3 C语言集成开发环境

1.3.1 Dev-C++集成开发环境介绍

集成开发环境（Integrated Development Environment，IDE）是一种用于提供程序开发环境的应用程序，IDE集成了代码编写、编译、调试、运行等多种功能，以方便开发人员编写、测试和调试应用程序。

C语言的集成开发环境有很多，Windows下常用的集成开发环境主要有Microsoft Visual Studio、Dev-C++等。其中，Dev-C++是一个轻量级C/C++集成开发环境，提供了多页面窗口、编辑器、编译器、调试器等功能，同时还提供了高亮语法显示功能，以帮助用户减少编辑错误。Dev-C++的优点是简单易用、功能简洁，非常适合C/C++语言初学者使用。

本书的所有例题都在Dev-C++环境下调试通过，后面的介绍都以此为基础。

1.3.2 Dev-C++集成开发环境的使用

1. 新建源代码

（1）安装完Dev-C++后，双击桌面上的图标，即可启动Dev-C++进入主界面，如图1-1所示。

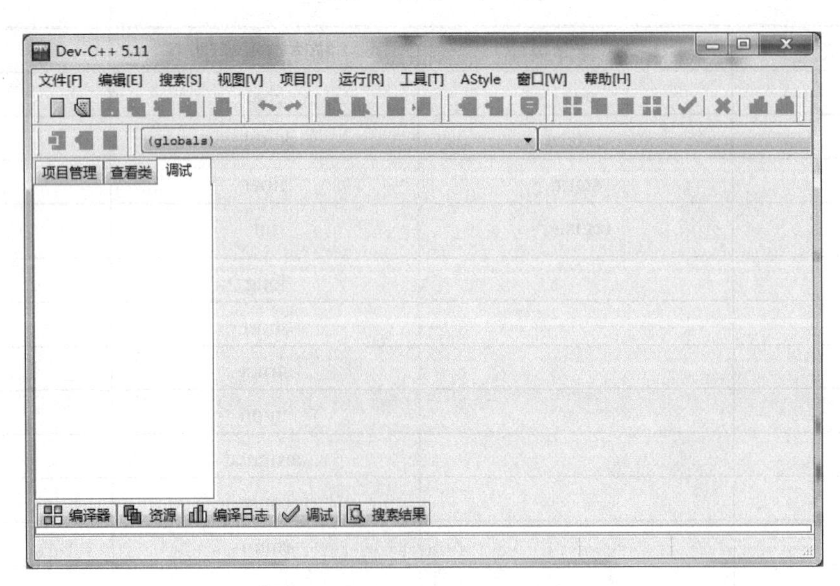

图1-1 Dev-C++主界面

（2）选择“文件”→“新建”→“源代码”菜单（快捷键为Ctrl+N），即可新建一个空白的源文件，可在其中输入并编辑程序源代码，如图 1-2 所示。

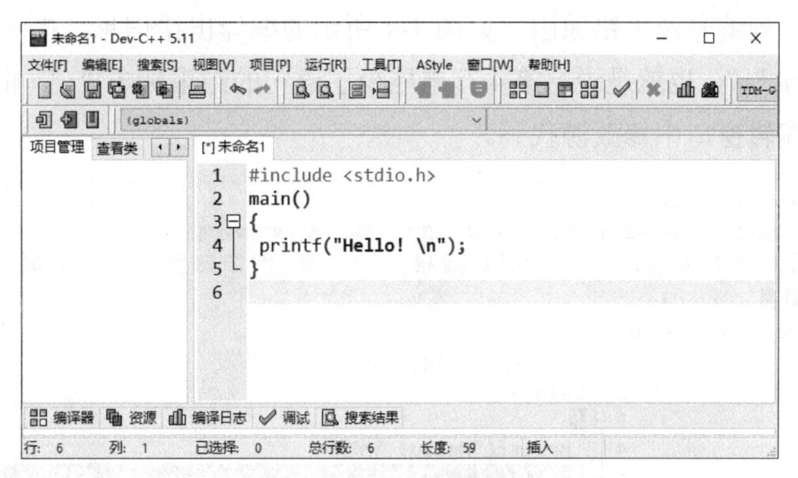

图 1-2　输入程序源代码

（3）保存。选择“文件”→“保存”菜单（快捷键为 Ctrl+S），或单击工具栏中的“保存”按钮，可在弹出的窗口中选择保存的位置及文件名。

2. 编译生成可执行文件

用任何一种高级程序设计语言编写的源程序都不能直接运行，而必须先经过编译。编译是把用高级程序设计语言编写的源程序，翻译成等价的机器语言格式目标程序的过程。C 源程序在运行之前必须经过编译，在编译过程中若发现语法错误，则会给出提示信息；若无错误，则生成.exe 可执行文件。

（1）选择“运行”→“编译”菜单（快捷键为 F9），可对源程序进行编译。初次编译时，会弹出“保存为”对话框，可在其中选择保存源程序文件的位置及文件名。

（2）编译结果会显示在下方的“编译日志”窗口中，如图 1-3 所示。编译成功后，将在源程序文件所在的文件夹内，出现.exe 可执行文件，如 hello.exe。

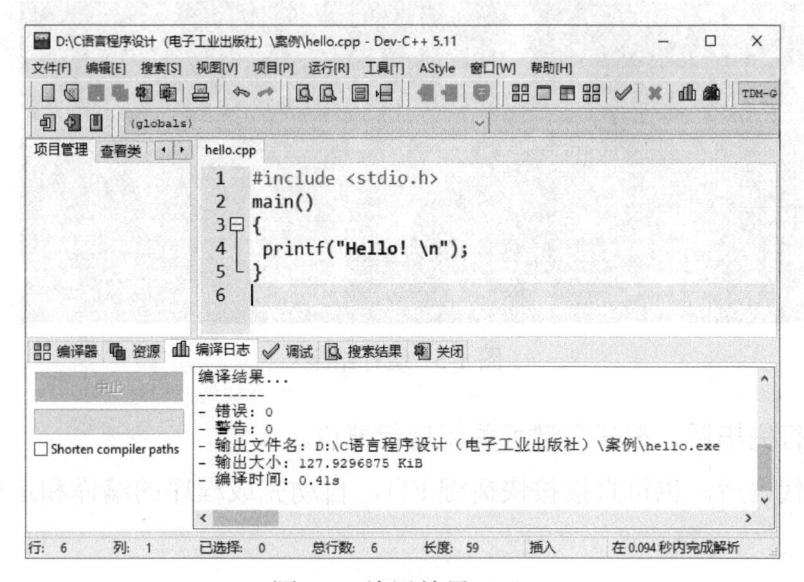

图 1-3　编译结果（1）

（3）如果在编译过程中发现程序有语法错误，则会在下面的“编译器”窗口中，提示错误产生位置的行、列编号及出错原因。如图 1-4 所示的编译出错信息，提示第 5 行第 1 列的“}”前面缺少分号“;”，也就是说，第 4 行末尾少了语句的结束标志“;”。根据编译器给出的出错提示，可在编辑窗口中修改源代码。

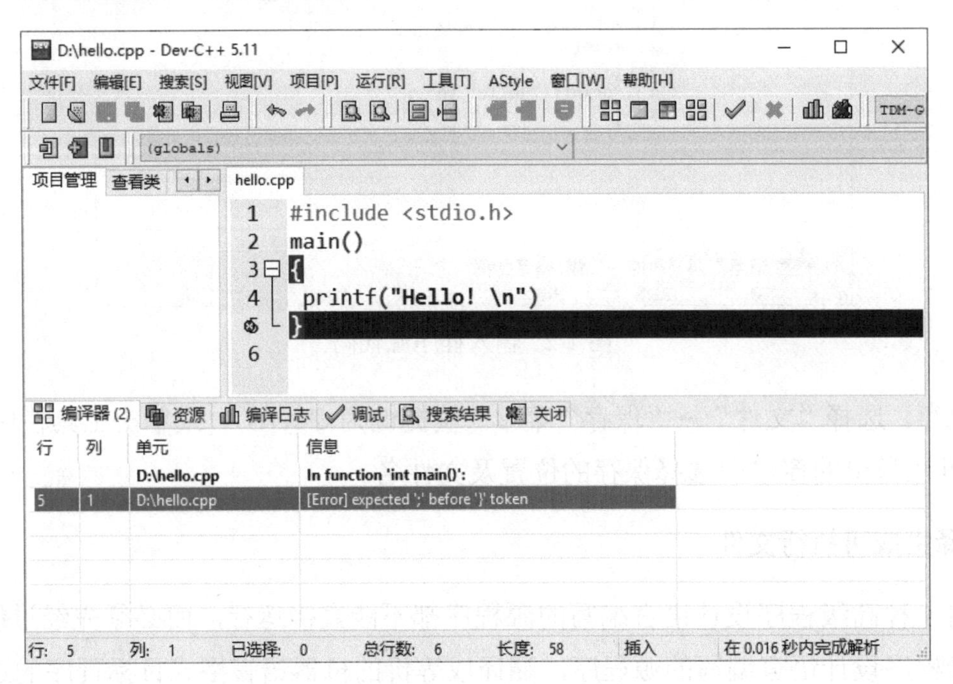

图 1-4　编译结果（2）

3. 运行

（1）编译成功后，选择“运行”→“运行”菜单（快捷键为 F10），可以运行程序。图 1-3 所示程序的运行结果如图 1-5 所示。

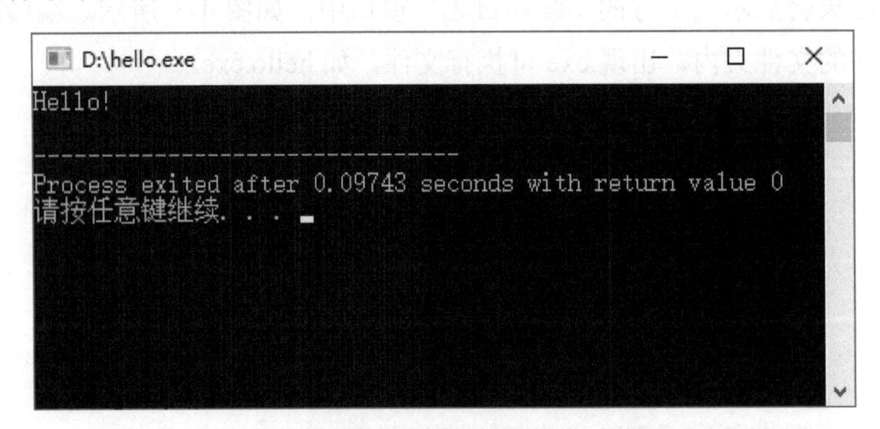

图 1-5　运行结果

（2）程序运行完毕后，按任意键可关闭运行窗口。

（3）编辑完代码后，也可直接按快捷键 F11，自动完成程序的编译和运行。

习题一

1. 填空题

（1）C 语言程序由________________组成，其中必须有且只能有一个名为________________的函数。C 程序的执行从________________函数开始。

（2）每个 C 语句必须以________________号结束。

（3）标识符只能由________________、________________和________________三类符号构成，而且标识符的第一个字符必须是________________或________________。

（4）关键字是指________________________________。

（5）在 C 程序中，注释的内容应放在________________和________________符号之间。

2. 选择题

（1）下面合法的 C 语言标识符是________________。

A. 3ab　　B. AB.2　　C. a_3　　D. #abc

（2）C 语言中主函数的个数是________________。

A. 1 个　　B. 2 个　　C. 3 个　　D. 任意个

（3）以下有关注释的描述中，错误的是________________。

A. 注释可以出现在程序中的任何位置

B. 在编译程序时，不对注释做任何处理

C. 在编译程序时，要对注释做出处理

D. 注释的作用是提示或解释程序的含义，帮助提高程序的可读性

（4）在 C 程序中，main()函数________________。

A. 必须放在所有函数定义之前

B. 必须放在所有函数定义之后

C. 必须放在它所调用的函数之前

D. 可以放在任意位置

3. 指出并改正下面程序中的错误

（1）

```
#include <stdio.h>
main
{
 printf("Welcome!");
}
```

（2）

```
#include <stdio.h>
```

```
main()
{
 int a;
 a=5;
 printf("a=%d",a);
```

（3）

```
#include <stdio.h>
main()
{
 int a,b
 a=1,b=2
 printf("%d",a+b)
}
```

4. 分析下列程序，写出运行结果

（1）

```
#include <stdio.h>
main()
{
 int a,b,c;
 a=2; b=15;
 c=a*b;
 printf("c=%d",c);
}
```

（2）

```
#include <stdio.h>
main()
{
 printf("Hello!");
 pt();
}
pt()
{
 printf("*****************");
}
```

5. 编程题

（1）编写一个程序，输出下面的信息。

```
***********************
      Welcome!
***********************
```

（2）编写一个程序，输入变量 a 和 b 的值，输出表达式 a*b+10 的值。

上机实习指导

一、学习目标

本章是学习 C 语言的入门篇，重点介绍了 C 程序的组成结构和基本的上机操作步骤。通过本章的学习，应建立对 C 语言程序的初步认识，并能在 Dev-C++集成开发环境中建立和运行简单的 C 程序。通过本章的学习，读者应掌握以下内容。

（1）掌握 C 程序的组成结构和 C 程序的书写格式。

（2）通过上机实习熟悉 Dev-C++开发环境的操作界面，并了解 Dev-C++的基本使用方法。

（3）掌握基本的上机操作步骤，包括：

① 启动 Dev-C++；

② 建立 C 源程序；

③ 编译和运行 C 程序；

④ 修改 C 程序；

⑤ 保存 C 程序。

二、应注意的问题

（1）在同一个编辑窗口中只能有一个源程序。

当需要建立和运行多个程序时，初学者经常会出现下列错误：一个程序练习结束以后，在该程序后面直接输入另一个程序，这样是达不到目的的。千万注意，同一个编辑窗口中只能有一个源程序。一个程序运行结束后，如果想建立并运行另一个程序，则可以使用“文件”→“新建”→“源代码”菜单新建一个源代码文件，或是使用“文件”→“打开项目或文件”菜单打开一个已有的源代码文件。

（2）程序错误。

程序错误可以分为两类：语法错误和逻辑错误。语法错误可以在编译程序时检查出来，并且编译器会显示出错提示信息，如语句缺少分号、变量未定义、标识符命名错误等。

在编译时虽然可以检查出源代码中的语法错误，但检查不出源代码中的逻辑错误。有时程序虽然能够正常编译并运行，但是运行结果并不是我们预想的，出现这种情况就是因为源代码中存在逻辑错误。程序的逻辑错误往往在运行时才被发现。

对 C 语言初学者来说，出现语法错误的时候会多一些，语法错误更容易被排除。逻辑错误则比较隐蔽，难以被发现。虽然在编程的过程中难免出现各种错误，但是只要从一开始就养成良好的代码编写习惯，严格按照语法要求编写，就可以减少程序错误。

上机实习　Dev-C++的基本操作

一、目的要求

（1）掌握 C 程序的基本结构。

（2）熟悉 Dev-C++的操作界面。

（3）掌握在 Dev-C++中新建、运行、修改、保存和打开源代码文件的方法。

（4）掌握插入/删除字符和插入/删除行等基本的代码编辑操作。

二、上机内容

下面是 3 个从简单到稍复杂的 C 程序，仔细阅读程序并在 Dev-C++中建立和运行程序。

1.

```
#include <stdio.h>
main()
{
 printf(" 你好！ ");
}
```

（1）运行程序，观察运行结果。

（2）在程序中插入几行代码，使上面的程序变成：

```
#include <stdio.h>
#include <stdlib.h>
main()
{
 printf(" 你好！ ");
 system("pause");
 system("cls");
 printf(" 欢迎！ ");
}
```

再次运行程序并仔细观察运行结果。system()是 C 语言提供的用于执行系统命令的函数，system("pause")可以实现暂停功能，暂停后可按任意键继续执行程序；system("cls")可以实现清屏操作。如果要调用 system()函数，则必须加入头文件 stdlib.h。

2.

```
#include <stdio.h>
main()
{
 int a,b,sum;
```

```
 a=18;
 b=27;
 sum=a+b;
 printf("sum=%d",sum);
}
```

（1）先分析程序的运行结果，然后再运行该程序，对比自己的判断与实际运行结果是否一致，如果有差异，就再想想问题出在什么地方。这种做法可以逐步训练分析程序的能力。

（2）删除程序中的变量定义语句“int a,b,sum;”，或将该语句进行注释，再运行程序，看看会有什么结果。

（3）将语句：

```
printf("sum=%d",sum);
```

改为：

```
printf("%d+%d=%d",a,b,sum);
```

再运行程序，看看运行结果有什么变化。

3.

```
#include <stdio.h>
int sum(int n1,int n2)
{
  return n1+n2;   // 返回 n1+n2 的值
}
main()
{
  int a,b,c;
  printf("输入第一个整数：");
  scanf("%d", &a);
  printf("输入第二个整数：");
  scanf("%d",&b);
  c=sum(a,b);      // 调用 sum()函数，求 a、b 两个变量的和，并把结果赋值给变量 c
  printf("两个数之和是：%d",c);
}
```

先仔细阅读并分析程序，然后运行程序观察运行结果。

第二篇　选用模块

本篇是选用模块，可根据不同地区、不同学制（3 年或 4 年）、不同基础、不同办学条件，酌情选用。其教学目标为：

1. 了解条件编译的基本原理，并理解宏定义和文件包含处理；
2. 了解指针的概念，理解指向简单变量、字符串、函数的指针；
3. 了解内存动态分配函数的使用方法，并初步掌握指针在程序设计中的使用方法。

第 2 章

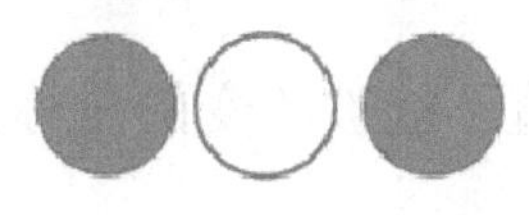

数据类型和简单程序设计

数据是程序处理的对象，C 语言提供了多种数据类型，用于处理不同特性的数据。

【本章要点】

（1）C 语言的 3 种基本数据类型。

（2）混合运算中的类型转换。

（3）简单程序设计。

【学习目标】

（1）了解 C 语言的数据类型、C 语句、C 程序结构的组成。

（2）了解 3 种基本数据类型的特点。

（3）掌握 3 种基本数据类型常量的表示方法。

（4）熟练掌握 3 种基本数据类型变量的定义与使用方法。

（5）了解混合运算中的类型转换。

【课时建议】

讲授 4 课时，上机 2 课时。

2.1 基本知识

2.1.1 C 语言的数据类型

任何语言程序都要对数据进行描述和处理。C 语言程序对数据的处理和操作由 C 语句来实现，而对数据的描述，则由数据类型完成。数据属于哪一种类型要由称为类型名的标识符说明。例如，整型用 int 说明，字符型用 char 说明。

C 语言的数据类型可分为基本数据类型、构造数据类型、指针类型。基本数据类型包括整型（int）、浮点型（float）和字符型（char）3 种；构造数据类型有数组、结构体、联合体与枚举等。本章主要介绍基本数据类型及其相关的简单程序设计。数组和指针将在第 7 章和

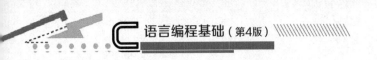

第 10 章中讲述，其他较复杂的数据类型请阅读相关书籍或参考手册了解。

C 语言还有一种特殊数据类型，称为空类型（void），其主要用于函数声明（详见第 7 章）。

2.1.2　常量与变量的使用

C 语言中的数据有常量和变量之分：在程序运行过程中，其值不能被改变的量称为常量，相反，在程序运行中，其值可以被改变的量称为变量。

1. 常量与符号常量

（1）常量。常量即常数，也有类型的区分，其类型根据数据的字面形式就能判别出来。如 15 和 20 是整数，即整型常量；1.5 和 2.0 是实数，即实型常量；而'a'、'b'是字符常量（详见 2.4 节）。

（2）符号常量。符号常量是人们为了方便而在程序中自定义的一种常量。例如：

```
#define  PI  3.1416
```

这是用预处理命令定义了 PI 为符号常量，代表实型（浮点型）常量 3.1416。在程序中凡是使用常量 3.1416 的地方均可用 PI 来代替，既方便又直观。出现在运算式中的 PI 值是固定不变的，可多次使用，但不能再被赋值（它不同于变量，只有重新定义才能改变其值，详见第 9 章）。

2. 变量的使用

变量的变量名和变量值是不同的概念。变量名是变量的名字，一旦被定义，便在内存中占有一定的存储单元；变量值是存放在该变量存储单元中的值，会随着给变量重新赋值而改变。变量必须先定义后使用，在程序中使用没有定义的变量，编译时会出现错误信息。

定义变量名必须符合标识符的构成规则：

（1）组成变量名的符号只能是字母、数字和下画线，并且首字符只能是字母或者下画线；

（2）字母是区分大小写的，如 Student 和 student 是两个不同的变量名；

（3）有效长度为 255 个字符；

（4）给变量起名最好见名知意，这不但便于记忆，还能增加程序的可读性。

下面是合法的变量名：

score、Sum、_ZHJ、a、x、name1 等。

下面是非法的变量名：

2sum、#abc、dir:、s-1、-month 等。

2.1.3　C 语言语句

C 语言语句是 C 语言程序的基本成分，用它可以描述程序的流程控制和对数据的处理。它与数据定义部分组成函数，若干函数和编译预处理命令（详见第 9 章）组成 C 源程序文件。

C 语言语句可分为单语句、复合语句和空语句，不管什么语句都必须由分号“;”结尾。只有一个分号的语句叫空语句；用{ }括起来的多个语句构成复合语句，例如，{a=12; b=15;}是一个合法的复合语句。

从形式上区分，C 语言语句主要有以下几种。

（1）函数调用语句。一个函数调用加上一个分号就构成了一个函数调用语句。

例如：

```
printf("这是一个函数调用语句");
```

（2）表达式语句。一个表达式加上一个分号就构成了一个表达式语句。

例如：

```
a=b+3;
```

请注意，若无分号，则它只是一个赋值表达式而不是语句，加上分号便构成了一个赋值语句，它将 b+3 的值赋给变量 a。

（3）条件语句。该语句控制程序的分支，满足条件是一个走向，不满足条件是另一个走向。例如，if … else 语句和多分支选择语句 switch 等。

（4）循环语句。该语句控制一部分语句重复执行。例如，while 语句、do-while 语句、for 语句等。

（5）其他语句。例如，无条件转向语句 goto、中止执行语句 break、返回语句 return 等。

各语句的详细情况将在以后各章中加以介绍。

2.1.4 结构化程序设计方法

随着高级语言的兴起，人们开始注重研究程序设计中的一些最基本的问题。例如，程序的基本组成部分是什么？应该用什么样的方法来设计程序？如何保证程序设计合理等。程序的组成可以简单地描述为：程序=数据结构+算法。数据结构指的是数据类型及其组织形式，算法是对数据进行操作的步骤，从普遍意义上讲，算法就是处理问题的方法和步骤。一个好的程序设计就是要有好的数据结构和巧妙的算法。1969 年，E. W. Dijkstra 首先提出了结构化程序设计的概念，他强调从程序结构和风格上来研究程序设计。经过人们多年的探索和实践，结构化程序设计方法得到了广泛的认可和推广。

结构化程序设计方法采用自顶而下逐步求精的设计原则和单入口单出口的结构来构造程序。自顶而下逐步求精就是先把一个复杂的问题逐步分解和细化成许多小的、容易实现的模块，然后再把模块的功能逐步分解细化为一系列具体的处理步骤和实现语句。使用结构构造程序是指任何程序均应由顺序、选择和循环 3 种基本结构组成，任何程序模块不论大小，应只有一个入口和一个出口，没有死语句、没有死循环、不允许随意跳转。

采用结构化程序设计方法设计出的程序具有结构清晰、层次分明、可靠性强等优点，同时程序的可读性、可维护性也较好。

C 语言支持结构化程序设计方法，所以 C 程序也由 3 种基本程序结构组成。人们在进行程序设计时，为了直观、容易理解，常用图形工具来描述程序结构和流程控制。最常用的图形工具有传统的流程图和N-S图（也称盒图）两种。下面给出的3种基本程序结构就是用这两种图形工具描述的。

（1）顺序结构。如图2-1所示，先执行A后执行B，两者是顺序执行的关系。图2-1（a）为传统流程图，图2-1（b）为N-S图（下同）。

（2）选择结构。如图2-2所示，如果条件K成立则执行A，否则执行B。

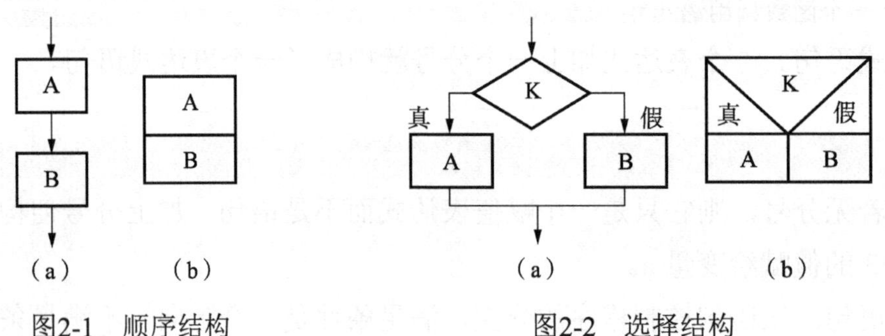

图2-1　顺序结构　　图2-2　选择结构

（3）循环结构。图2-3所示是while型循环结构，当K条件成立时，反复执行A；当K条件不满足时，结束循环。图2-4所示是直到型循环结构，先执行A再判断K条件是否满足，不满足则反复执行A，直到条件满足时退出循环。

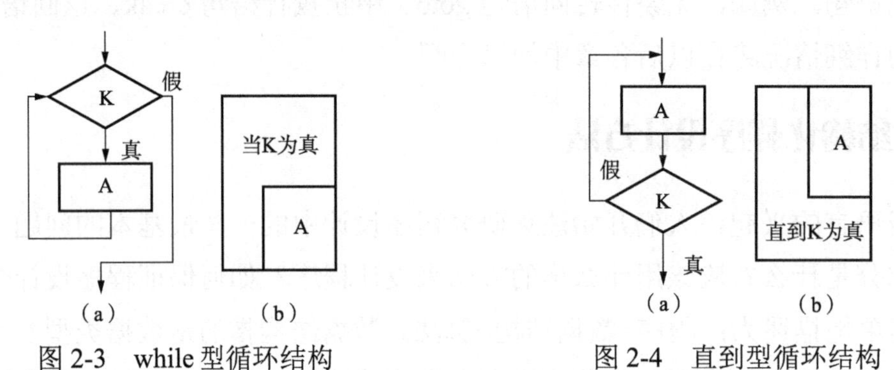

图2-3　while型循环结构　　图2-4　直到型循环结构

2.2　整型数据

2.2.1　整型常量

整型常量即整常数。C语言中的整型常量有3种表示形式：

（1）十进制整数，如234、−455等。

（2）八进制整数，如0123、−0234等，八进制整数以前导0（零）开头，0123表示八进制数123，等于十进制数83，即 $(123)_8=1\times8^2+2\times8^1+3\times8^0=(83)_{10}$。

（3）十六进制整数，如0x12、−0x123等，十六进制整数以前导0x开头，0x12表示十六进制数12，等于十进制数18，即 $(12)_{16}=1\times16^1+2\times16^0=(18)_{10}$。

为了说明整型常量的 3 种表示形式及其相互关系，请看下面的例题。

【例 2.1】

```
#include <stdio.h>
main()
{
 int x=123,y=0123,z=0x123;
 printf("%d %d %d\n",x,y,z);
 printf("%o %o %o\n",x,y,z);
 printf("%x %x %x\n",x,y,z);
}
```

运行结果：

```
123   83   291
173   123   443
7b   53   123
```

其中，%d、%o、%x 分别是 printf()函数输出十进制、八进制和十六进制整型数时的格式转换控制符。在显示时，它们由后面自变量的值替换，它们的关系如图 2-5 所示，更详细的说明，见 4.2 节。

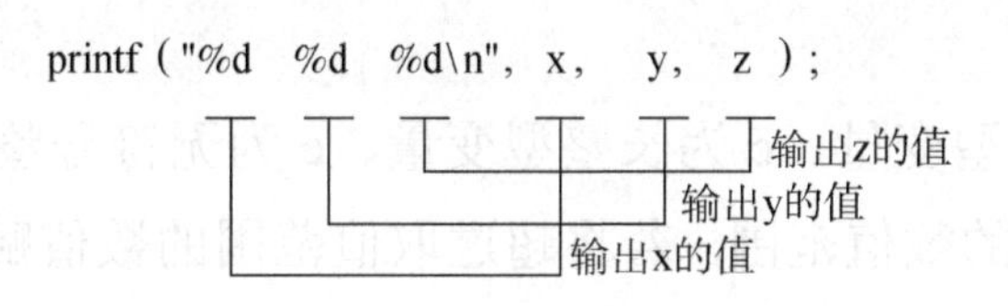

图 2-5　3 种值的替换关系

2.2.2　整型变量及分类

整型变量通常可分为四类：一般整型（int）、短整型（short）、长整型（long）和无符号型。其中，无符号型又有无符号整型（unsigned int）、无符号短整型（unsigned short）和无符号长整型（unsigned long）之分。

变量在内存中都占据着一定大小的存储空间，其单位是字节（1 字节由 8 个二进制位组成）。存储空间大小不同，所能存储的数值范围也不同。需要注意的是，数据在内存中占用的字节数与所使用的操作系统有关。64 位操作系统下整型变量的字节长度和取值范围见表 2-1。

表 2-1　整型变量的字节长度和取值范围（64 位操作系统）

数据类型	字节长度	取值范围
int	4	$-2^{31}\sim2^{31}-1$
short	2	$-2^{15}\sim2^{15}-1$
long	8	$-2^{63}\sim2^{63}-1$
unsigned int	4	$0\sim2^{32}-1$
unsigned short	2	$0\sim2^{16}-1$
unsigned long	8	$0\sim2^{64}-1$

下面举例说明在计算机上，各类型整型数据所能表示的数值范围。

【例 2.2】

```
#include <stdio.h>
main()
{
 int a,b;                    // 定义 a,b 为整型变量
 long c,d;                   // 定义 c,d 为长整型变量
 unsigned e,f;               // 定义 e,f 为无符号整型变量
 a=2147483647;b=1;
 c=2147483647;d=1;
 e=4294967295;f=1;
 printf("int: %d,%d\n",a,a+b);
 printf("long: %ld,%ld\n",c,c+d);
 printf("unsigned: %u,%u\n",e,e+f);
}
```

运行结果：

```
int: 2147483647, -2147483648
long: 2147483647, -2147483648
unsigned: 4294967295,0
```

本例中，定义 a 为整型变量、c 为长整型变量、e 为无符号整型变量，在给这 3 个变量赋值时，考虑了其能容纳的数值范围。若将超过取值范围的数值赋值给变量，则会产生溢出错误。

在 printf()函数中，使用%ld 和%u，分别是输出长整型数据和无符号整型数据时的格式转换控制符。除此之外，与【例 2.1】中不同的是，双引号括起来的部分中还有其他字符，输出时照原样输出，如图 2-6 所示。有时，在一个整型常量后面也加一个字母 l 或 L，把它变为 long int 型常量，如 123l、456L 等。

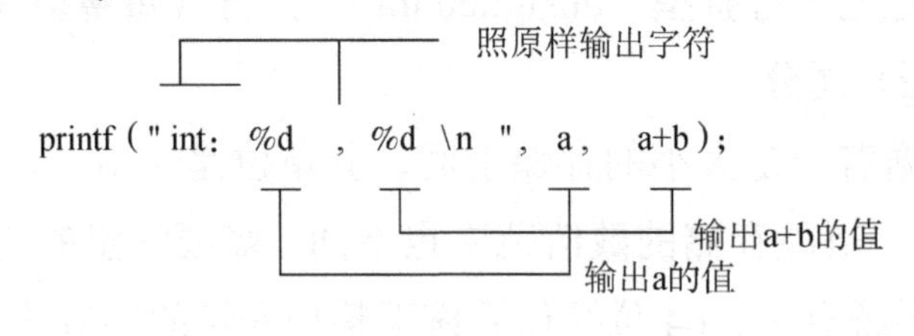

图 2-6 输出格式

2.2.3 整数运算的程序设计

C 语言程序与其他高级语言程序相比，既有相同之处，又有自己的特点，主要表现为 C 语言程序是由函数构成的。一个函数要有说明部分和执行部分，执行部分由各种语句组成，完成对数据的处理。在本小节中，我们练习整数运算的程序设计。

【例 2.3】整型变量的四则运算。

```
#include <stdio.h>
main()
{
 int a,b,sum,min,tim,sep;            /*整型变量说明*/
 a=7;b=2;                            /*给变量赋值*/
 sum=a+b;                            /*加运算*/
 min=a-b;                            /*减运算*/
 tim=a*b;                            /*乘运算*/
 sep=a/b;                            /*求商*/
 printf("%d+%d=%d\n",a,b,sum);
 printf("%d-%d=%d\n",a,b,min);
 printf("%d*%d=%d\n",a,b,tim);
 printf("%d/%d=%d\n",a,b,sep);
}
```

运行结果：

```
7+2=9
7-2=5
7*2=14
7/2=3
```

在程序的第 4 行进行变量类型说明，将变量 a、b、sum、min、tim 及 sep 均定义为整型变量。第 5 行是赋值语句，将数值 7 赋予变量 a，将数值 2 赋予变量 b，其中“=”为赋值运算符。第 6～9 行计算变量 a 与 b 的和、差、积、商，并赋值给左边的变量。当对两个整型变量求商时，商为整型数值，如 7/2，商为 3 而不是 3.5。第 10～13 行显示结果，其输出格式的转换见图 2-7。

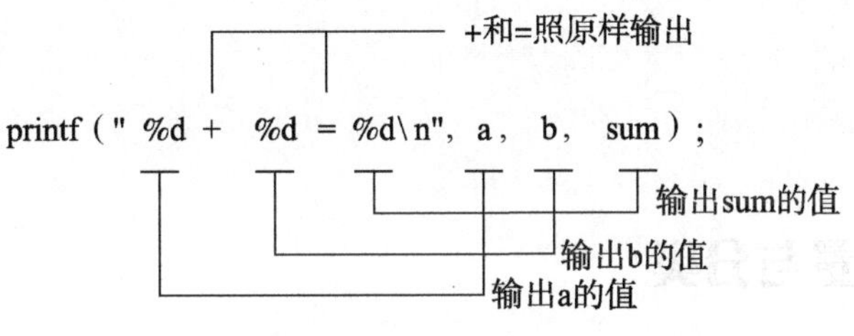

图2-7 输出格式的转换

【例 2.4】直接输出数值计算结果。

```
#include <stdio.h>
main()
{
 printf("%d*%d=%d\n",35,25,35*25);
}
```

运行结果：

```
35*25=875
```

在 printf 语句的输出格式"%d*%d=%d"后，当写入数值 35、25、35*25 时，第一个%d 输出数值 35，第二个%d 输出数值 25，最后一个%d 直接输出 35*25 的数值计算结果，即 875。这种简单运算，在输出语句中就完成了，免去了变量说明、运算赋值等语句，这也体现了 C 语言的灵活性。

2.3 浮点型数据

2.3.1 浮点型常量

浮点型数据用来表示实数，因而浮点型数据也叫作实型数据。浮点型常量在 C 语言中有两种表示形式。

（1）一般形式。由数字和小数点组成，在书写时，小数点不可省略，如 1.23、0.123、123.0、0.0 等都是合法的。

（2）指数形式。由字母 e 或 E 连接两边的数字组成，如 2.13e-27（或 2.13E-27）代表 2.13×10^{-27}。e 的两边必须有数，且 e 后的指数部分必须是整型数据。如 4.5e、e+3、e-6、0.3e4.5 等都是非法的。

注 意

C 语言编译系统在用指数形式输出实型数据时，是按一定的规范输出的，就是将 e 或 E 前边带有小数点的数，只取小数点左边一位非 0 的数字。例如，2132.11 可以表示为 0.213211e4、2.13211e3、21.3211e2、213.211e1、2132.11e0、21321.1e−1 等，但系统在输出时，按 2.13211e3 的格式输出（有的系统还规定指数部分的输出宽度，如输出 e3 为 e+003，要占 5 位）。

2.3.2 浮点型变量与分类

浮点型变量有单精度型（float）和双精度型（double）之分。在 64 位操作系统中浮点型变量的字节长度和取值范围见表 2-2。

表 2-2 浮点型变量的字节长度和取值范围

数据类型	字节长度	取值范围	有效位
float	4	1.0e−38～1.0e+38	7
double	8	1.0e−308～1.0e+308	15

一般来说，double 型比 float 型精度高，在使用时，要对浮点型变量加以说明，如：

```
float   x;
```

```
double  y;
x=111111.111
y=111111.111
```

其中，第 1、2 行是说明语句，将 x 定义成单精度浮点型变量，将 y 定义成双精度浮点型变量，第 3、4 行将相同的浮点型常量赋给了不同的变量。请注意，浮点型常量不分 float 型和 double 型。一个浮点型常量可以赋给一个 float 型或 double 型变量，再根据变量的类型截取浮点型常量中的有效位数字，如 x 只能接收 7 位有效数字，最后两位小数将失效，而 y 就能全部接收上述 9 位数字（对于双精度型数据，可以提供 15 位有效数字）。

注意

浮点型常量都是双精度型的，如果要指定其为单精度型，则加后缀 f，如 213.21f。

2.3.3 浮点数运算的程序设计

【例 2.5】编写一个程序，将 523.4562 赋给变量 a，将 26.2453 赋给变量 b，并求它们的和与商。

```
#include <stdio.h>
main()
{
 float a=523.4562, b=26.2453,sum,sep;
 sum=a+b;
 sep=a/b;
 printf("%f+%f=%f\n",a,b,sum);
 printf("%f/%f=%f\n",a,b,sep);
}
```

运行结果：

```
523.456177+26.245300=549.701477
523.456177/26.245300=19.944759
```

在该程序的第 4 行中，不但定义了 a、b、sum、sep 是单精度浮点型变量，同时还给 a 与 b 赋了值，即可以在定义变量的同时，对变量进行初始化。第 4 行的变量定义语句等效于：

```
float a,b,sum,sep;
a=523.4562;
b=26.2453;
```

在程序的第 7、8 行的 printf()函数中，使用了格式符“%f”，f 是 float 的缩写，“%f”格式符的作用是以小数的形式输出浮点型变量的值。在不指定输出宽度时，系统自动将整数部分全部输出，小数部分输出 6 位。所以，尽管在初始化时 a、b 变量只有 4 位小数，但在输出时都补足了 6 位。千万不要以为凡是显示出来的数字都是精确的，前面已经讲到，单精度浮点数只有 7 位有效数字。至于 a 变量，在赋值时为 523.4562，在输出时为 523.456177，这是由于浮点数在内存中的存储误差引起的，如果担心计算精度不够，可以使用双精度浮点数。

【例 2.6】已知圆周率为 3.14159，半径为 15.35，编写求圆面积和圆周长的程序。

```
#include <stdio.h>
main()
{
 float a,b,pi=3.14159,r=15.35;
 a=r*r*pi;
 b=2*pi*r;
 printf("are=%f\n",a);
 printf("cir=%f\n",b);
}
```

运行结果：

```
are=740.229370
cir=96.446815
```

2.4 字符型数据

2.4.1 字符型常量

字符型常量是用单引号引起来的单个字符，如'a'、'b'、'$'、'9'、' '等。但有些特殊的不能显示的字符无法使用这种表示方法，如换行符、退格符等，这样的字符可以用带反斜杠的转义字符来表示。如前面在 printf()函数中已经见到过的“\n”，其中的“n”不代表字母 n，与“\”合起来代表一个换行符。这种以反斜杠开头的字符称为“转义字符”，转义字符可以用来表示 ASCII 码字符表中的任何字符，但在程序中主要用它来表示不能显示的控制字符。常用的转义字符及释义如表 2-3 所示。

表 2-3 常用的转义字符及释义

转义字符	释义
\n	换行符
\t	水平制表符
\b	退格符
\r	回车符
\f	进纸符
\\	反斜杠字符
\'	单引号字符
\"	双引号字符
\x07	响铃符

转义字符看上去至少有两个字符，但实际上只起一个字符的作用。如“\0”和“0”是不

同的，“0”表示的是字符 0，而“\0”表示的是字符 NULL，即 ASCII 码值为 0 的控制字符“空操作”。在 C 语言中，有些不能用符号表示的控制符，可以用“\”加上 1～3 位八进制数表示的 ASCII 码值来代表，如“\33”或“\033”表示 ESC，也可以用“\”加上 1～2 位十六进制数来表示，如“\x07”表示控制字符 BEL，即用蜂鸣器响铃报警。

【例 2.7】

```
#include <stdio.h>
main()
{
 printf(" ab  c\tde\07\n");
 printf("1234\b\b5");
}
```

程序中用 printf()函数直接输出双引号中的各个字符，注意其中用扩展表示法表示的字符所起的作用。第一个输出语句在第 1 行第 1 列开始输出“□ab□□c”，然后遇到“\t”，它的作用是“跳制表域”，即从当前的制表域跳到下一个制表域。我们使用的计算机的一个制表域为 8 个字符位，则下一个输出位置为第 9 列。因而在第 9、10 列输出“de”，然后遇到“\07”，即控制字符“BEL”，机器响铃。之后遇到“\n”，作用是换行。第二个输出语句在第 2 行先输出“1234”后，遇到连续两个退格符“\b”，即将光标向左移动了两个字符的位置，然后在字符“3”的位置输出字符“5”。程序运行结果如下：

```
□ab□□c□□□de
1254
```

注 意

示例中的“□”是为表示空格加上去的，程序运行时它们是不会在屏幕上显示出来的，后面章节中也有这样的表示形式，不再说明。

2.4.2 字符型变量及分类

一个字符型变量用来存放一个字符，在内存中占一个字节。实际上，将一个字符型常量赋给一个字符变量，并不是把该字符本身放到内存单元中去，而是将该字符的 ASCII 代码放到存储单元中。因此，字符型变量也可以像整型变量那样使用，它可以用来表示一些特定范围内的整数。字符型变量通常也分为两类：一般字符类型（char）和无符号字符类型（unsigned char），运行在计算机上的字符型变量的字节长度和取值范围见表 2-4。

表 2-4 字符型变量的字节长度和取值范围

数据类型	字节长度	取值范围
char	1	−128～127 的整型数
unsigned char	1	0～255 的整型数

既然在C语言中字符型变量和整型变量可以通用，那么在输出字符型变量时就会有不同的输出形式，并且可以对字符型变量进行算术运算。请看以下例题。

【例 2.8】

```
#include <stdio.h>
main()
{
 char   c1,c2;              /*定义字符型变量*/
 c1=65,c2=66;               /*分别将大写字母A和B的ASCII代码赋值给变量c1和c2 */
 printf("%c   %c\n",c1,c2);
 printf("%d   %d\n",c1,c2);
}
```

运行结果：

```
 A   B
65   66
```

程序中第4行定义c1和c2为字符型变量，char是character 的缩写。第5行将整数65、66分别赋值给字符型变量c1和c2。因为65、66分别是大写字母A和B的ASCII码值，因此，相当于赋值语句c1='A'和c2='B'。内存单元中存放的是数值65和66，当按"%d"的格式输出变量c1、c2时，就直接将其ASCII码值65、66作为整数输出。当按"%c"的格式输出变量c1、c2时，就将其ASCII码值65、66 转换成相应的字符A和B进行输出。因此，有上述运行结果。

【例 2.9】

```
#include <stdio.h>
main()
{
 char c1,c2;
 c1='A',c2='B';
 c1=c1+32,c2=c2+32;
 printf("%c,%d\n",c1,c1);
 printf("%c,%d\n",c2,c2);
}
```

运行结果：

```
a,97
b,98
```

在该例中，利用小写字母的ASCII码值比与它对应的大写字母的ASCII码值大32的规律，通过运算进行字符转换。请读者自己分析C 语言对字符数据这种处理方式的优越性。

【例 2.10】

```
#include <stdio.h>
main()
{
```

```
    char c1,c2,c3,c4;
    c1='a',c2='\x61',c3=0x61,c4=97;
    printf("%c,%c,%c,%c\n",c1,c2,c3,c4);
    printf("%d,%d,%d,%d\n",c1,c2,c3,c4);
}
```

运行结果：

```
a,a,a,a
97,97,97,97
```

在该例中，用字符、转义字符、十六进制数和整型常数为字符型变量赋值，结果是等价的。

2.4.3 字符串

在使用字符型数据时，经常会遇到不是单个字符而是字符串的情况。在C语言中，字符串常量用双引号括起来，如"BASIC"、"How are you?"等。不要把字符型常量与字符串常量混淆。例如，我们定义C 为字符变量，那么，C='a';是合法的赋值语句，而C="a"是非法的。这是因为，C语言规定在每一个字符串的结尾处，都要加一个字符串终止符'\0'，以便系统用来判断字符串是否结束。字符串“a”实际上包含2个字符：“a”和“\0”（系统自动加上去的），因此，将“a”赋值给一个字符变量C显然是不行的。

在C语言中，没有像在BASIC中那样有专门用于存储字符串的变量（如A$、B$等），但可以定义一个字符型数组或字符型指针变量存储字符串。

（1）字符型数组可按以下形式说明：

```
char  str[6];
```

在编译该语句时，将留出6个字符的空间，但只能存储5个有效的字符，即从str[0]到str[4]，str[5]中要放一个字符串的终止符“\0”。“\0”是一个空操作字符，是系统自动加上的，输出时只作为判断字符串结束的标志，并不显示。请看下面的例题。

【例2.11】

```
#include <stdio.h>
#include <string.h>
main()
{
 char msg[10];
 strcpy(msg,"Hello!");
 puts(msg);
}
```

在编译该程序时，当遇到char msg[10]这条语句时，编译程序在内存某处划出一个连续的10字节的区域，并将第一个字节的区域地址赋予msg。其中，strcpy()是字符串复制函数，它将“Hello!”字符串，一个字符一个字符地复制到msg所指的内存区域，存储完“!”后，系统自动加上字符串终止符“\0”（见图2-8）。最后由puts(msg)语句输出整个字符串，在屏幕上显示出来。但终止符“\0”为空操作，并不显示。strcpy()函数的头文件是string.h。

msg[0]	msg[1]	msg[2]	msg[3]	msg[4]	msg[5]	msg[6]	msg[7]	msg[8]	msg[9]
H	e	l	l	o	!	\0			

图 2-8　字符串在字符型数组 msg 中的存储状态

该程序运行结果为：

```
Hello!
```

（2）字符型指针变量可按以下形式定义：

```
char *a;
```

符号*是指针运算符，表示 a 为指针变量，整个语句表示指针 a 所指向的数据是字符型的。定义时使用 char *a="c program"语句，就能把字符串赋值给变量 a。在 printf()函数中，可以使用“%s”这一转换控制符进行字符串输出，s 表示 String 的字头。请看例题。

【例 2.12】

```
#include <stdio.h>
main()
{
 char   *a="c program";
 printf("%s\n",a);
}
```

运行结果：

```
c   program
```

有关数组和指针的详细说明，请见第 6 章和第 10 章。

2.4.4　简单的字符和字符串处理程序

【例 2.13】编写一个程序，在显示“C Language”字符串后，隔一行，再显示隔列输出的单个字符'O'、'K'、'!'。

```
#include <stdio.h>
main()
{
 printf("C Language\n");
 printf("\n");
 printf("%c %c %c",'O', 'K', '! ');
}
```

运行结果：

```
C Language

O K !
```

【例 2.14】利用变量赋值，编写显示“China”的程序。

该程序可使用字符型变量和字符型指针变量两种形式实现，使用指针变量实现的程序可见【例 2.12】。使用字符变量的程序如下：

```
#include <stdio.h>
main()
{
 char   a,b,c,d,e
 a='C',b='h',c='i',d='n',e='a';
 printf("%c%c%c%c%c\n",a,b,c,d,e);
}
```

运行结果：

```
China
```

2.5 类型的混合运算

在C语言中，字符型数据与整型数据可以通用，可以在同一个表达式中进行其他不同数据类型的混合运算，运算时要进行类型转换。转换方式有两种：一种是自动转换（隐式转换），另一种是强制转换（显式转换）。

2.5.1 类型的自动转换

自动转换的规则是，从低类型转换到高类型或从赋值号右边的类型转换到赋值号左边的类型。例如：

（1）对于字符型（char）和短整型（short），必定要先转换成整型（int）。

（2）对于单精度型（float），必定要先转换成双精度型（double）。

（3）若两个操作数之一是double型，则将另一个也转换为double型，运算结果为double型；如果两个操作数之一为long型，则将另一个也转换为long型，结果为long型；如果两个操作数之一为unsigned型，则将另一个也转换为unsigned型，结果为unsigned型。

（4）将赋值号右边的类型转换为赋值号左边的类型，结果为赋值号左边的类型。当把右边的浮点型转换成整型时，去掉小数部分；当把右边的双精度型转换成单精度型时，进行四舍五入处理。

【例 2.15】

```
#include <stdio.h>
main()
{
 char a='x';
 int   b=2,c=3;
 long f=32L;
 float d=2.5678;
 double e=5.2345;
```

```
    printf("%f\n",a-c+e/d-f*b);
}
```

运行结果：

```
55.038515
```

在该例中，① 当进行 e/d 运算时，将变量 d 转换为双精度型，结果为双精度型；② 当进行 f*b 运算时，将变量 b 转换为长整型，结果为长整型；③ 当进行 a-c 运算时，将变量 a 转换为整型，结果为整型；④ 当进行 a-c+e/d-f*b 运算时，将 a-c 的结果转换为双精度型，则 a-c+e/d 的计算结果为双精度型，然后进行-f*b 运算时，将 f*b 计算结果的长整型转换为双精度型，最终结果为双精度型。

注 意

%f 控制输出实型数（单、双精度均可），以小数形式输出，结果的整数部分全部输出，小数部分默认输出 6 位，但并不保证所有的数字都是有效数字。2.3 节已经讲过，如果输出单精度型数可提供 7 位有效数字，而本例输出双精度型数，因而可提供 15 位有效数字。运行结果的所有数字，都为有效数字。

【例 2.16】

```
#include <stdio.h>
main()
{
  char a='a',c='c';
  int   i1,i=238;
  unsigned int u1,u=463;
  long l1,l=2147483147;
  float f1,f=73.98;
  double d1,d=23.76;
  i1=i+a;        /*i为整型数,a为字符型数,结果为整型数*/
  u1=u-i;        /*i为整型数,u为无符号整型数,结果为无符号整型数*/
  f1=f-c;        /*f为单精度型数,结果为单精度型数*/
  d1=d*f-i;      /*d为双精度型数,结果为双精度型数*/
  printf("i1=%d,u1=%u,f1=%f,d1=%lf\n",i1,u1,f1,d1);
  i1=i-d;        /*运算结果为双精度型数,再转换为整型数赋给i1*/
  f1=f-d;        /*运算结果为双精度型数,再转换为单精度型数赋给f1*/
  d1=c-d;        /*运算结果为整型数,再转换为双精度型数赋给d1*/
  printf("i1=%d,f1=%f,d1=%lf\n",i1,f1,d1);
}
```

运行结果：

```
i1=335,u1=225,f1=-25.019997,d1=1519.764880
i1=214,f1=50.220005,d1=75.240000
```

2.5.2 类型的强制转换

类型的自动转换是系统自动进行的，不需要用户干预，但有时为了达到某种目的，还必须进行类型的强制转换，不然会出现错误的运算结果。请看下面的例子。

【例 2.17】

```
#include <stdio.h>
main()
{
 int a=300000,b=20000;
 double c;
 c=a*b;
 printf("%.0f\n",c);     // %.0f 的作用是控制输出实型数，保留 0 位小数，即只输出整数部分
}
```

运行结果：

```
-1705032704
```

该程序没有得出正确的结果 6000000000。这是因为在进行 a*b 运算时，结果超出了整型数所能表示的范围，产生了溢出。尽管设计程序时使用了 double 型变量 c 来存储运算结果，但由于在向 c 赋值之前就已经产生了溢出，因而存储在 c 变量中的数据仍是错误的。要解决这个问题，应将程序的第 6 行改为：

```
c=(double)a*b;
```

这样，在取出变量 a 的值时，a 的值被强制转换成 double 型，然后与变量 b 进行运算，变量 b 自动进行类型转换成为 double 型。运算结果也为 double 型，再将其赋值给 double 型变量 c，这样就能输出正确的结果 6000000000，不会再出现错误了。

像这样用圆括号把数据类型括起来，并放在要转换的变量前面，就能把它转换成为括号内的数据类型，这叫作强制转换。请看下面的例子。

【例 2.18】

```
#include <stdio.h>
main()
{
 int  a1,a2;
 float  b,c;
 b=38.425,c=12.0;
 a1=(int)(b+c);          /*将(b+c)转换成整型数*/
 a2=(int)b%(int)c;       /*将b与c 转换成整型数后求余*/
 printf("%d\n",a1);
 printf("%d\n",a2);
}
```

运行结果：

```
50
2
```

程序中第 8 行的%是求余运算符，该运算符要求其两侧数据均为整型数，因而 b 和 c 都要被强制转换成整型数，然后再进行求余运算。另外，数组的下标也必须是整型数，当用非整型变量作为下标时，一定要将其强制转换为整型数。

【例 2.19】设 a=15，b=368.2212，编写求浮点数和的程序，要求对 a 采用强制转换，然后再使其参加求和运算。

```
#include <stdio.h>
main()
{
 int  a;
 float  b,c;
 a=15;
 b=368.2212;
 c=(float)a+b;        /*将变量a 转换成浮点数*/
 printf("c=%f\n",c);
}
```

【例 2.20】设 b=33.125，c=56.866，编写程序，将 b+c 之和强制取整后赋值给 a1，对 b、c 取整求和后赋值给 a2。

请读者参考【例 2.18】的编写方法自己写出该程序。

习题二

1. 单项选择题

（1）C 语言中的变量名只能由字母、数字和下画线组成，并且第一个字符______。

A. 必须是字母　　B. 必须是下画线

C. 必须是字母或下画线　　D. 可以是字母、数字或下画线中任一种

（2）合法的常量是________。

A. 'program'　　B. －e8　　C. 03x　　D. 0xfL

（3）C 语言中的基本数据类型所占存储空间长度的顺序是________。

A. char<=int<=float<=double<=long

B. int<=char<=float<=long<=double

C. int<=long<=float<=double<=char

D. char<=int<=long<=float<=double

（4）下列符号串中与 123.0 相同的合法常量是________。

A. 0123　　B. "123.0"　　C. 1.23e2　　D. 0x123

2. 填空题

（1）C 语言中的基本数据类型包括__________、__________和________3 种。

（2）整型常量有______、______和______3 种表示形式；整型变量可分为 4 类：______、______、______、______。其中_______又可分为______、______和_______3 种。

（3）下面 10 个用指数形式表示的浮点型常量：

① 4.5E　② 0.3E4.5　③ 2E－2　④ +32E+2　⑤ E－6

⑥ 2.E−3　⑦ .E+3　⑧ 1E2　⑨ 4E　⑩ 0.0E10

合法的有____________________。

（4）在 C 语言中，没有专用于存储字符串的变量，但可以用________或________存储字符串，其定义格式为________和________。

（5）在进行不同数据类型的混合运算时，要进行数据类型转换，转换方式分为________和____________两种。

3. 写出下列程序的运行结果

（1）

```
#include <stdio.h>
main()
{
 int  a,b,c,d;
 a=215,b=9;
 c=a/b;
 d=a%b
 printf("%d/%d=%d…%d\n",a,b,c,d);
}
```

（2）

```
#include <stdio.h>
main()
{
 char  a='a',b='b';
 printf("%d\t\b%c",a,b);
}
```

（3）

```
#include <stdio.h>
main()
{
 int  a=2,b=3;
 float  c=5.0,d=2.5;
 printf("%f",(a+b)/2+c/d);
```

（4）

```
#include <stdio.h>
```

```
main()
{
 float   a=3.14;
 printf("a=%f\n",a);
}
```

4. 编程题

（1）设 a=19，b=22，c=650，编写求 a*b*c 的程序。

（2）设 b=35.425，c=52.954，编写程序，求 b*c，将结果值整数化后赋给 a1，再将 c 除以 b 的余数赋给 a2。

（3）已知圆柱底面半径 *r*=15cm，高 *h*=3cm，编写求圆周长、圆面积和圆柱体积的程序。

上机实习指导

一、学习目标

本章介绍了有关 C 语言数据和程序设计的一些基本知识，重点讲述了 C 语言的 3 种基本数据类型，即整型、浮点型和字符型，以及这 3 种数据类型的简单程序设计。通过本章的学习，读者应掌握以下内容。

（1）了解 3 种基本数据类型的特点。

（2）掌握 3 种基本数据类型常量的表示方法。

（3）熟练掌握 3 种基本数据类型变量的定义与使用方法。

（4）了解不同数据类型的混合运算中的类型转换。

二、应注意的问题

（1）程序中的变量必须是“先定义，后使用”。

一个变量是一个存储单元，定义变量就是要根据存储数据的需要指定变量的类型。如想用变量存储单个字符，就定义为 char 型，想存储 30000 以内的正整数，就定义为 int 型，若想存储小数，则应定义为 float 型。

（2）定义变量时易出现的语法错误。

有语法错误的程序不能通过编译，系统在“编译器”窗口中会给出出错信息，并在每条出错信息前标出错误所在的行号和列号，以便于查找和修正。定义变量时易出现下面两种语法错误。

① 变量没有定义，出错信息为：'××××' was not declared in this scope。

例如：

```
#include <stdio.h>
```

```
main()
{
 a=2;
 b=3;
 printf("%d",a+b);
}
```

在编译该程序时，将在“编译器”窗口中给出第 4 行的变量 a 和第 5 行的变量 b 没有定义的出错信息。

② 变量命名不合规范。

变量的命名规则是，包含字母、数字和下画线，首字符只能是字母或者下画线。

例如：

```
int a$1, b;
```

或

```
int 2a,b;
```

变量名“a$1”中使用了非法字符“$”；而变量名“2a”的首字符不是字母或者下画线。

请分析以下定义变量 a 和 b 的语句是否有错？出错信息会是什么？

```
int a;b;
```

上机实习 基本数据类型的简单程序设计

一、目的要求

（1）进一步熟悉在 Dev-C++集成开发环境中程序的建立、修改和运行的方法。

（2）熟悉定义 3 种基本数据类型变量的方法。

（3）初步了解简单程序设计及 printf()函数的使用方法。

（4）练习修改变量定义的语法错误和程序调试。

二、上机内容

1. 变量定义的语法错误的检查与修改

下面的程序中都含有变量定义的语法错误。在 Dev-C++集成开发环境中建立源程序，按快捷键 F9 编译程序后，注意观察出错信息，然后分析原因、改正错误、重新运行。

（1）

```
#include <stdio.h>
main()
{
  int x1,x2;
```

```
  x1=5;
  x2=10;
  y=x1*x2;
  printf("y=%d",y);
}
```

（2）

```
#include <stdio.h>
main()
{
  int a,b,c;
  a=2000;
  b=3000;
  c=a+b;
  printf("c=%d",c);
}
```

（3）

```
#include <stdio.h>
main()
{
  char ch;
  ch=A;
  printf("%c",ch);
}
```

（4）

```
#include <stdio.h>
main()
{
  float m#1;
  m#1=2.36;
  printf("%f",m#1/2);
}
```

2. 分析程序的运行结果

上机前先写出下面程序的运行结果，然后上机验证自己分析的结果是否正确。

（1）

```
#include <stdio.h>
main()
{
  int r;
  float s;
  system("cls");
  r=2;
```

```
    s=3.14159*r*r;
    printf("r=%d\n",r);
    printf("s=%f",s);
}
```

程序的第 6 行的 system("cls");可以实现清屏操作，该函数一般在输出语句之前调用，其作用是清屏后再输出运行结果，这样输出结果显得整洁清晰。

（2）

```
#include <stdio.h>
main()
{
    char c1,c2;
    clrscr();
    c1='a';
    c2='b';
    printf("字母a的ASCII码为：%d\n字母b的ASCII码为：%d",c1,c2);
}
```

（3）

```
#include <stdio.h>
main()
{
    char ch;
    clrscr();
    ch='\01';
    printf("%c\n",ch);
    ch='\05';
    printf("%c",ch);
}
```

提示：

程序中用到的'\01'和'\05'分别表示 ASCII 码为 1 和 5 的字符，前者是一个笑脸符号，后者是一个梅花符号。通过这种方式，可以输出不能通过键盘输入的字符。上机时，可以将'\01'和'\05'分别改为'\03'和'\04'，看看会有什么运行结果。

3. 设计编写一个简单的程序

已知某学生的三门课程的分数为：100、80 和 75，求该学生的平均成绩。

第3章

表达式与运算符

表达式和运算符是C语言程序设计中极为重要的内容，C语言提供了丰富的运算符和表达式形式。

【本章要点】

（1）表达式与运算符概述。

（2）算术运算符、算术表达式的应用。

（3）赋值运算符、自增自减运算符等的应用。

【学习目标】

（1）了解运算符的含义、作用和使用方法。

（2）掌握常用运算符的优先级和结合性。

（3）灵活使用运算符构造表达式，并正确求取表达式的值。

【课时建议】

讲授3课时，上机2课时（利用机动课时）。

3.1 概　　述

3.1.1 表达式

1. 什么是表达式

在数学中，使用运算符将常量、变量、函数连接起来的有意义的式子称为数学表达式。例如，$8+\cos(x+5.3)$、$4\times(x+y)$等都是数学表达式。

同样，在C语言中，把符合C语言规定的，使用C语言运算符将常量、变量、函数调用连接起来的有意义的式子称为C语言表达式。常量、变量、函数调用本身又是最简单的表达式。C语言的表达式分为算术表达式、赋值表达式、逗号表达式、条件表达式、关系表达式和逻辑表达式等。

2. 表达式的值

使用表达式的目的是求值。算术表达式的值是一个数值，而数值的类型，取决于参与运算的数据的类型。例如，算术表达式 300+50，其值为 350。由于参与运算的两个数据均为整型，因此表达式的值也为整型。关系表达式的值是对两个变量进行比较的结果。如果关系表达式成立，则结果为 1，代表“真”；否则，结果为 0，代表“假”。

3. 表达式与语句

表达式与语句有很密切的关系，在表达式后面加上分号“;”就构成一条语句。分号标志语句的结束。

例如：

```
++b;                                /* 自增运算表达式语句 */
x=a+b;                              /* 赋值运算表达式语句 */
printf("a=%d,b=%d",a,b);            /* 函数调用语句* /
```

必须说明，并不是所有的表达式构成的语句都有意义，如下面的语句，可做求值运算，语法也正确，但无实际作用。

```
a+b;
```

表达式能构成语句是 C 语言的一个特色。由于表达式是由运算符连接而成的，而 C 语言的运算符又相当丰富，所以 C 语言程序中的表达式也是相当丰富的。“函数调用语句”也属于表达式语句，因为函数调用也属于表达式的一种，因此，C 语言又被称为函数语言和表达式语言。

3.1.2 运算符

C 语言把除了控制语句和输入/输出以外的几乎所有的操作都作为运算符处理。C 语言的运算符种类繁多，具体见表 3-1。

表 3-1 C 语言运算符

名　称	运 算 符
算术运算符	+、−、*、/、%、++、−−
关系运算符	>、>=、==、!=、<、<=
位运算符	>>、<<、~、&、|、^
逻辑运算符	!、&&、||
条件运算符	? :
指针运算符	&、*
赋值运算符	=、+=、−=、*=、/=、%=、&=、^=、|=、<<=、>>=
逗号运算符	,
字节运算符	sizeof
强制类型转换运算符	(类型名)(表达式)
其他	下标[]、成员(->、·)、函数()

按参与运算的对象个数运算符又可以分为：单目运算符、双目运算符和三目运算符。例如“++”和“！”等是单目运算符，“/”和“&&”等是双目运算符，有且仅有条件运算符“？:”是三目运算符。

3.2 算术运算符与算术表达式

3.2.1 算术运算符

表3-2中列出了C语言的所有算术运算符。

表3-2 算术运算符

运算符	功 能	应用举例
+	加法运算符	a+b
−	减法运算符	a−b
+	取正数（单目加）运算符	+a
−	取负数（单目减）运算符	−a
*	乘法运算符	a*b
/	除法运算符	a/b
%	取模（求余）运算符	a%b
++	自增运算符	a++或++a
−−	自减运算符	a−−或−−a

读者对大多数算术运算都较为熟悉，下面仅就除法、取模、取负运算做些说明。

1. 除法运算

当两个操作数都是整型数时，除法运算被视为整除运算，运算的结果将舍去小数部分，只保留整数部分。例如，对于整数运算，8/5的结果为1；而对于实数运算，8.0/5.0的结果为1.6。

2. 取模运算

取模运算又称求余运算，其运算结果为一个整型数，这个数是整除运算的余数，符号与被除数符号相同。例如，8%5的结果是3，8%(−5)的结果是3，(−8)%5的结果为−3，(−8)%(−5)的结果为−3。

3. 取负运算

取负运算是单目运算，即只有一个操作数参与运算。取负运算是将参与运算的操作数无条件取负。例如，−8，将常数8取负变为−8；又如，−(−8)，将−8取负，结果为8。

【例 3.1】取模运算符使用示例。

```
#include <stdio.h>
main()
{
 printf("5%%3=%d,5%%-3=%d,-5%%3=%d,-5%%-3=%d",5%3,5%-3,-5%3,-5%-3);
}
```

运行结果：

```
5%3=2,5%-3=2,-5%3=-2,-5%-3=-2
```

为了显示“%”，连续使用两个“%”，这相当于输出一个“%”，当然也可以用“\%”代替“%%”，结果是相同的。

3.2.2 算术表达式

1. 什么是算术表达式

使用算术运算符和括号将常量、变量和函数调用连接起来并且符合 C 语言语法的式子，称为算术表达式。

例如：

```
a*b/c+'a'-100+sqrt(10)
        10
        a
```

均为合法的算术表达式。

2. 算术运算符的优先级

（1）算术运算符的优先级由高到低为：括号→函数调用→取负→*、/、%→+、−。其中，括号的优先级最高，而+、−运算符的优先级最低。例如，a−b*c 相当于 a−(b*c)。

在 C 语言的表达式中，只允许使用小括号（圆括号），不允许使用中括号和大括号。当出现多重括号时，先执行最内层括号中的运算，接着执行外一层括号中的运算，最后执行最外层括号中的运算。例如，表达式 a*((b+c)/d+e)，首先计算内层括号中的 b+c，然后计算外层括号中的除以 d，并加上 e，最后乘以 a。

（2）算术运算符的结合性：算术运算符的结合方向是“从左至右”，当操作数两侧的运算符的优先级相同时，则按规定的“结合方向”进行先左后右的顺序处理。例如，a+b−c，先执行 a+b 操作，再执行减 c 操作。

3. 算术表达式的使用说明

C 语言的运算符和表达式的使用很灵活，利用这一点可以巧妙地处理许多在其他语言中难以处理的问题。但另一方面，这又会出现一些让人摸不着头脑的问题。因此使用时务必小心。适当地使用括号，可以避免出现二义性问题。

例如：

$\frac{a-b}{a+b}$ 不能写为 $a-b/a+b$，应写为 $(a-b)/(a+b)$。

【例 3.2】算术表达式的应用举例。

数学表达式	算术表达式
$2\pi r$	2*3.14*r
$2ab\sin30^\circ$	2*a*b*sin(30*3.14/180)
$3x^4+4y^{n-1}$	3*pow(x,4)+4*pow(y,n-1)
$25[x^2+(x+y)\,a]^3$	25*pow((x*x+(x+y)*a),3)
$\frac{3.6}{xy}$	3.6/(x*y)
$\frac{-b+\sqrt{b^2-4ac}}{2a}$	(-b+sqrt(b*b-4*a*c))/(2*a)

注 意

例中用到的pow(x,y)与sqrt(x)函数，是C语言提供的常用的数学库函数，作用分别是求 x 的 y 次方和对 x 开平方。其他数学函数请参阅附录B。在编写程序时，若用到数学函数，应加上编译预处理命令和数学头文件：#include <math.h>（详细说明请见第9章）。

3.3 其他运算符的应用

3.3.1 赋值运算符和赋值表达式

1. 赋值表达式

由赋值运算符将一个变量和一个表达式连接起来的式子，称为赋值表达式。其一般形式如下：

```
变量 赋值运算符 表达式
```

例如，a = 5+10。

其中，a 为变量，“=”为赋值运算符，5+10 为表达式。

赋值表达式的计算过程是，首先计算表达式的值（5+10 得到 15），然后将该值（15）赋给左侧的变量（a）。

2. 赋值运算

赋值运算是将一个数据赋给一个变量。

例如：

```
a=10            /*将10赋给变量a*/
b=20            /*将20赋给变量b*/
c=a+b           /*计算a+b得到30，将30赋给变量c*/
d=2*sqrt(16)    /*计算2*sqrt(16)得到8，将8赋给变量d*/
```

以上均为正确的赋值运算（注意：以上仅仅是赋值表达式，并不是赋值语句）。

3. 复合的赋值运算

在赋值运算符“=”之前加上其他双目运算符可构成复合赋值运算符，如+=、-=、*=、/=、%=等。

例如：

```
a+=b;           /* 等价于 a=a+b */
a*=b+3;         /* 等价于 a=a*(b+3) */
a%=b;           /* 等价于 a=a%b */
```

在C语言中采用复合运算符，一是为了简化程序，使程序精练；二是为了提高编译效率，产生质量较高的目标代码。

4. 赋值表达式的使用说明

（1）赋值号“＝”不同于数学中的等号，它没有“相等”的含义。

例如，在数学中，如果x=y*y成立，那么y*y=x也成立。但C语言中的x=y*y并不表示x等于y*y，而是将y*y的值赋给x。因此赋值号两边的内容不能交换，上式不能写成y*y=x。

在C语言中，常常可以看到下面这种表达式：

```
n=n+1
```

在数学中，n=n+1很难理解，因为n不等于n+1；但是在C语言中却不难理解，它表示将n原有的值加1，再赋给n，此时n的原有值被新值替换了。

（2）赋值号左边只能是变量，不允许出现常量、函数调用或表达式。

（3）赋值表达式中的“表达式”，又可以是另一个赋值表达式。

例如：

```
x=(y=3*a)
```

（4）赋值运算符的优先级低于算术运算符、关系运算符和逻辑运算符，但高于逗号运算符。赋值运算符的结合性是“从右至左”。

例如：

```
x=y=z=10
```

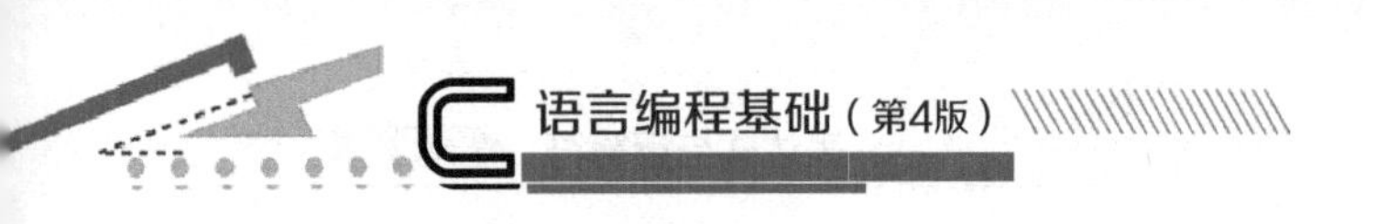

运算顺序是从右至左结合，即先执行 z=10，然后再把 z 的值赋给 y，最后把 y 的值 10 赋给 x。

又如，设 a 的值为 10：

```
a+=a-=a*a
```

首先计算 a-=a*a，它相当于 a=a-a*a=10-100=-90；

再计算 a+=-90，它相当于 a=a+(-90)=-90+(-90)=-180。

即，上式相当于：

```
a=a+(a=a-a*a)
```

（5）当赋值号两边的数据的类型不同时，一般由系统自动进行类型转换。其原则是，将赋值号右边的数据的类型转换成与左边的相同。

5. 赋值表达式的应用举例

【例 3.3】赋值表达式

```
a=10+(b=6)            /*b 的值为 6，a 的值为 16，表达式的值为 16*/
a=(b=4)+(c=16)        /*b的值为4，c的值为16，a的值为20，表达式的值为20*/
a=(b=20)/(c=10)       /*b的值为20，c的值为10，a的值为2，表达式的值为2*/
```

3.3.2 自增和自减运算符

1. 自增、自减运算符的功能

自增、自减运算符的功能是使变量的值增 1 或减 1。但自增、自减运算符前置（在变量之前）和后置（在变量之后），其含义是不同的。

例如：

```
++i,--i  /*表示在使用i之前，先使i的值加（减）1*/
i++,i--  /*表示在使用i之后，再使i的值加（减）1*/
```

【例 3.4】已知 i 的值为 10，则：

```
j=++i    /*i的值自增为11，j的值为11*/
j=--i    /*i的值自减为9，j的值为9*/
j=i++    /*j的值为10，i的值自增为11*/
j=i--    /*j的值为10，i的值自减为9*/
```

从【例 3.4】可以看到，对于前置运算，变量 i 本身先自增（或自减），然后再将其赋给变量 j。而对于后置运算，将变量 i 的值先赋给变量 j，然后变量 i 本身再自增（或自减）。

自增、自减运算符只能用于整型变量，不能用于常量或表达式。例如，8++或(b+5)++是不合法的，因为 8 是常量，而表达式（b+5）的结果是数值，不是变量。

2. 自增、自减运算符的优先级与结合性

自增、自减运算符的优先级与“取正负”运算符的优先级相同，即优先于“乘、除、取

模”运算符。自增、自减运算符的结合方向是“从右至左”的“右结合性”。

例如：

```
-i++
```

如果按左结合性，相当于(−i)++，但这是不合法的，因为表达式(−i)不能进行递增、递减运算。正确的方法应该是“右结合性”，即相当于−(i++)。

3. 自增、自减运算符的使用说明

（1）当在表达式中使用自增或自减运算符时，很容易出错。

【例 3.5】设 j 的原值为 2，计算以下表达式：

```
(j++)+(j++)+(j++)
(++j)+(++j)+(++j)
```

其中，第一个表达式中是计算 2+3+4，还是计算 2+2+2 呢？第二个表达式中是计算 3+4+5，还是计算 5+5+5 呢？我们可以通过下面的程序验证。

```
#include <stdio.h>
main()
{
 int  j=2;
 printf("j=%d,(j++)+(j++)+(j++)=%d\n",j,(j++)+(j++)+(j++));
 j=2;
 printf("j=%d,(++j)+(++j)+(++j)=%d\n",j,(++j)+(++j)+(++j));
}
```

程序的运行结果如下：

```
j=5,(j++)+(j++)+(j++)=9
j=5,(++j)+(++j)+(++j)=13
```

注 意

输出的 j 值为 5，这是因为在函数调用中，是按从右到左的顺序对参数求值的。程序中第二个表达式“,(++j)+(++j)+(++j)”在不同的编译器中会有不同的运行结果，因为不同的编译器对这个表达式的解析顺序会有所不同。在 Dev-C++中的运行结果是 13。应该尽量避免在同一个表达式中连续使用多个自增或自减运算，否则会出现不可预知的结果。

（2）在书写表达式时，应注意括号的运用。

如果有以下表达式：

```
i+++j
```

是理解为(i++)+j，还是 i+(++j)呢？C 语言编译系统在处理时尽可能从左至右将若干个字符组成一个运算符（在处理标识符、保留字时也按同一原则进行）。因此上式应理解为(i++)+j 而不是 i+(++j)。

3.3.3 条件运算符和条件表达式

1. 条件运算符

C 语言提供了唯一的一个三目运算符（? :），即条件运算符。三目运算符的含义是，有 3 个量参与运算。使用它可以组成一个条件表达式，一般形式为：

表达式 1? 表达式 2:表达式 3

2. 条件运算符的使用说明

（1）使用条件运算符的条件：如果判断表达式为“真”或“假”时，都只执行一个赋值运算，并且给同一个变量赋值，则此时可以使用条件运算符。

例如，如果 x>y，则将 x 的值赋给 a，否则将 y 的值赋给 a，此时便可组成一个条件表达式赋值语句。

如 a=x>y?x:y；相当于：

```
if(x>y)
  a=x;
else
  a=y;
```

（2）条件表达式的执行过程：首先计算表达式 1，如果其非 0（真）则计算表达式 2，表达式 2 的值作为条件表达式的值。如果表达式 1 的值为 0（假），则计算表达式 3，表达式 3 的值作为条件表达式的值，如图 3-1 所示。

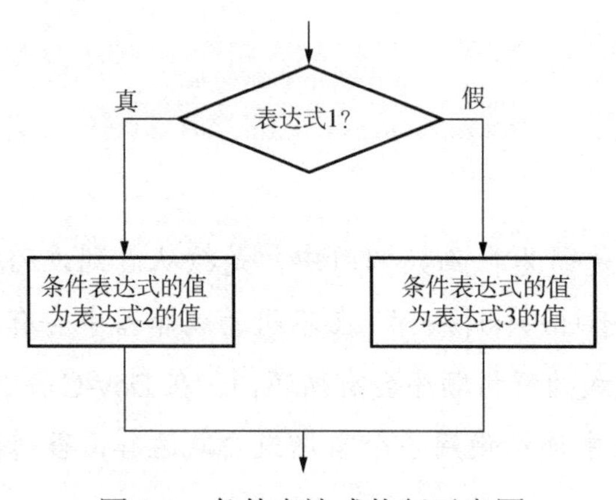

图 3-1　条件表达式执行示意图

（3）条件运算符的优先级与结合性：条件运算符优先级高于赋值运算符，但低于关系运算符和算术运算符。

例如：

```
x=a>0?a*10:a*(-10)
```

运算顺序为：

```
x=(a>0)?(a*10):(a*(-10))
```

所以括号可以省略不写。

条件运算符的结合方向是“从右至左”。

例如：

```
x>y?x:y>z?y:z
```

运算顺序为：

```
x>y?x:(y>z?y:z)
```

如果 x=1、y=2、z=3，则条件表达式的值为 3。

（4）表达式 1 与表达式 2、表达式 3 的数据类型可以不同。

例如：

```
a? 'b': 'c'
```

表达式 2、表达式 3 的数据类型也可以不同。

例如：

```
a>b?2:5.5
```

该表达式的数据类型取决于 a>b 的结果，如果 a>b 成立，则以表达式 2 的数据类型为最终数据类型，否则，以表达式 3 的数据类型为最终数据类型。

【例 3.6】利用条件表达式求 a、b、c 3 个数中的最大值。

```
#include <stdio.h>
main()
{
 float a,b,c,max;
 scanf("%f,%f,%f",&a,&b,&c);
 max=a>b?a>c?a:c:b>c?b:c;
 printf("max=%f\n",max);
}
```

运行结果：

```
2.34,4.56,1.87↙
max=4.560000
```

读者一定会认为程序中的语句 max=a>b?a>c?a:c:b>c?b:c 太难理解。事实上，这一句相当于 max=a>b?(a>c?a:c):(b>c?b:c)，即若 a 大于 b，则取 a、c 中的大者，否则取 b、c 中的大者。去掉小括号也无妨，这正体现了条件表达式的“自右向左”的结合性。当然，加上小括号更好理解些。

3.3.4 逗号运算符和逗号表达式

C 语言提供了一种特殊的运算符：逗号（“,”）运算符。

1. 逗号表达式

用逗号运算符将两个及两个以上的表达式连接起来组成的式子称为逗号表达式。

逗号表达式的一般形式如下：

表达式 1, 表达式 2, …, 表达式 *n*

逗号表达式的计算过程是，先计算表达式 1，再计算表达式 2，依次计算，直到计算表达式 *n*，表达式 *n* 的值是整个逗号表达式的值。

例如：

逗号表达式 30+50, 16+8 的值为 24。

又如：

逗号表达式 a=10*5, a*40

先计算 a=10*5 得到 a=50，再计算 a*40 得到 a=2000，则逗号表达式的值为 2000。

2. 使用说明

（1）一个逗号表达式可以与另一个表达式组成一个新的逗号表达式。

例如：

```
(a=30*50,  a+10),  a/5
```

先计算 a=1500，再计算 a+10 得到 1510（注意 a 仍为 1500），最后计算 a/5 得到 a=300，即整个表达式的值为 300。

（2）逗号运算符在所有运算符中优先级最低，逗号运算符的结合方向是“从左至右”。

下面两个表达式的运算结果是不同的：

```
b=(a=10, 5*a)
b=a=10, 5*a
```

第一个表达式是赋值表达式，它的意思是将一个逗号表达式的值赋给 b，这个表达式的值为 50，所以 b 的值为 50；第二个表达式是逗号表达式，它包含一个赋值表达式和一个算术表达式，b 的值为 10，而表达式的值为 50。

（3）并不是任何地方出现的逗号都是逗号运算符。例如，在函数的参数中，逗号往往是作为分隔符使用的。

例如：

```
printf("%d,%d,%d\n",a,b,c);
```

其中的逗号显然不能看作逗号运算符。

逗号表达式无非把若干个表达式“串联”起来。在许多情况下，使用逗号表达式的目的只是想分别得到各个表达式的值，而并非一定需要得到或使用整个逗号表达式的值。

3.3.5 sizeof 运算符

C 语言提供了整型、浮点型、字符型 3 种基本数据类型，而这些基本数据类型在计算机中的表示则因系统而异。为了使用户能够了解自己所用系统的各类型的长度，C 语言提供了一个单目运算符 sizeof。

1. sizeof 的一般调用形式

```
sizeof(类型名或变量名)
```

其中，类型名可以是基本类型名，也可以是其他的构造类型名。

2. sizeof 的功能

sizeof 运算给出指定类型在内存中所占的字节数。

【例 3.7】测试各类型在内存中所占的字节数。

```
#include <stdio.h>
main()
{
 char ch;
 int x;
 float y;
 printf("char=%d\n",sizeof(char));
 printf("char(ch)=%d\n",sizeof(ch));
 printf("int=%d\n",sizeof(int));
 printf("int(x)=%d\n",sizeof(x));
 printf("float=%d\n",sizeof(float));
 printf("float(y)=%d\n",sizeof(y));
}
```

运行结果：

```
char=1
char(ch)=1
int=4
int(x)=4
float=4
float(y)=4
```

3.4 运算符的优先级与结合性

在求表达式的值时，应按照各运算符的优先级与结合性进行运算。表 3-3 概括了运算符的优先级与结合性规则。处在同一行的运算符具有相同的优先级，下一行中运算符的优先级低于上一行中运算符的优先级。如果同一行的运算符同时出现在一个表达式中，则按结合性规则来执行运算。

表 3-3 运算符的优先级与结合性

优先级	运算符	分类	结合性
1	() [] → .		从左至右
2	! ~ ++ -- - * & sizeof	单目运算符	从右至左
3	* / %	双目运算符	从左至右

续表

优先级	运算符	分类	结合性
4	+ -		
5	<< >>		
6	< <= > >=		
7	== !=		
8	&		
9	^	条件运算符	从右至左
10	|		
11	&&		
12	||		
13	?:		
14	= += -= *= /= %=		
&= ^= |= >>= <<=	赋值运算符	从右至左	
15	,	逗号运算符	从左至右

习题三

1. 填空题

（1）设 x=11，则表达式(x++*1/3)的值是______________。

（2）已知数学表达式 $y=x^2-2x+5$，写出对应的 C 语言表达式______________。

（3）已知 a＝10，则表达式 x=(a=a+b,a－b)的值为______________。

2. 选择题

（1）在 C 语言中，操作数必须是 int 类型的运算符是（　　）。

A. %　　B. /　　C. *　　D. ++

（2）假设所有变量均为整型，则表达式(a=2,b=5,a++,b++,a+b)的值为（　　）。

A. 7　　B. 8　　C. 9　　D. 10

（3）若定义 int m=6,n=5，则执行 m%=n-1 之后，m 的值是（　　）。

A. 0　　B. 2　　C. 1　　D. 3

（4）若有 int a=1，b=1，则执行 b=(a=2*3,a*5),a+7 之后，a、b 的值分别是（　　）。

A. 30，37　　B. 6，30　　C. 37，44　　D. 5，8

（5）若有 int x=2，y=1，则执行 x++==y--的结果是（　　）。

A. －1　　B. 1　　C. 2　　D. 0

3. 求下面算术表达式的值

（1）x+a%3*(int)(x+y)%2/4　　　　设 x=2.5，a=7，y=4.7

（2）(float)(a+b)/2+(int)x%(int)y　　　　设 a=2，b=3，x=3.5，y=2.5

4. 分析下列程序，写出运行结果

（1）

```
#include <stdio.h>
main()
{
 int x=1;
 printf("%d   %d   %d\n",++x,x++,x);
}
```

（2）

```
#include <stdio.h>
main()
{
 int x=7,y=5,a,b,c;
 a=(--x==y++)?—x:++y;
 b=x++%3;
 c=13%y--;
 printf("a=%d,b=%d,c=%d\n",a,b,c);
}
```

（3）

```
#include <stdio.h>
main()
{
 int a,b,x=2,y,z=y=3;
 a=(z>=y>=x)?1:2;
 b=z<=y&&y>=x+1;
 printf("a=%d,b=%d\n",a,b);
}
```

（4）

```
#include <stdio.h>
main()
{
 int n=7;
 n+=n=n*=n/3;
 printf("n=%d\n",n);
}
```

（5）

```
#include <stdio.h>
main()
{
 int x,y,z;
```

```
    x=y=1;z=2;
    y=x++-1;
    z=--y+1;
    printf("x=%d,y=%d,z=%d\n",x,y,z);
}
```

5. 编程题

（1）定义符号常量N、M，分别代表12和25，输出N和M的四则运算值。

（2）已知i=20、j=20，输出i++、++j的值，试比较它们有什么区别。

（3）已知m=20、n=20，输出m--、--n的值，试比较它们有什么区别。

上机实习指导

一、学习目标

本章重点介绍了算术表达式、赋值表达式、逗号表达式、条件表达式、自增/自减运算、求字节数运算。表达式是编写C语言语句的基础，是构造语句不可或缺的基本元素，因此是十分重要的。通过本章的学习，读者应掌握以下内容。

（1）熟练掌握各种运算符的功能、使用方法和结合性。

（2）根据数学表达式及算法描述，熟练地写出C语言允许的各种表达式形式。

（3）熟练写出表达式的运算顺序。

（4）熟练计算出表达式的值。

二、应注意的问题

1. 关于运算符的结合性

C语言提供了一些“从右至左”结合的“右结合”运算符，如自增/自减运算符、求字节数运算符、条件运算符和赋值运算符。它们的运算顺序是从右至左进行的。例如，a=b=c=1000，运算顺序是，将1000赋给变量a，再将a的值赋给变量b，再将b的值赋给变量c，变量a、b、c的值均为1000。

2. 关于运算顺序与括号的使用

C语言运算符均被规定了优先级，如括号的优先级最高，而逗号运算符的优先级最低。对于C语言的初学者来说，适当使用括号可以改变运算符的优先级；适当使用括号可以使运算符的运算顺序更清楚。例如，a+b/a-b，其运算顺序是先计算b/a，然后再加上a，最后减去b；而(a+b)/(a-b)，则先计算a+b，再计算a-b，最后完成除法运算。此外，当出现诸如x+++y这种运算时，也可以适当使用括号加以限制，以避免人为造成的“二义性”，例如，（x++）+y与x+（++y）是两种不同的运算。

上机实习　运算符及表达式应用

一、目的要求

（1）掌握各种运算符及表达式的应用。

（2）能够读懂和编写简单的计算程序。

二、上机内容

1. 指出下面程序中的错误，并改正

```
#include <stdio.h>
main()
{
 int a=2;b=3;
 scanf("%d,%d,%d",a,b,c);
 c+=a+b;
 printf("a=%d,b=%d,c=%d",a,b,c);
}
```

2. 运行下列程序，观察并分析它们的运行结果

（1）

```
#include <stdio.h>
main()
{
 int  a,b;
 a=20;b=30;
 printf("(a+b)/(a-b)=%d\n", (a+b)/(a-b));
 printf("a+b/a-b=%d\n", a+b/a-b);
}
```

（2）

```
#include <stdio.h>
main()
{
 printf("100/200=%d\n", 100/200);
 printf("100/200.0=%f\n", 100/200.0);
}
```

（3）

```
#include <stdio.h>
main()
{
 int  i,j;
 i=100;j=200;
```

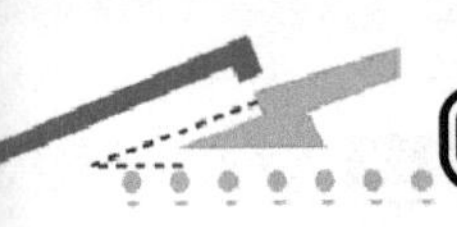


```
 printf("(i++)+j=%d\n", (i++)+j);
 i=100;j=200;
 printf("i+(++j)=%d\n", i+(++j));
 i=100;j=200;
 printf("i+++j)=%d\n", i+++j);
}
```

（4）

```
#include <stdio.h>
main()
{
 int   i,j,k,m;
 i=j=k=100;
 i=i+1;
 ++j;
 k+=1;
 printf("i=%d\n",i);
 printf("j=%d\n",j);
 printf("k=%d\n",k);
}
```

（5）调试并运行【例 3.7】的程序。

3. 完善程序。

根据题目要求，在横线处填写合适的内容，使程序完整并能上机正确运行。

（1）计算 x^5+10^5。

```
#include   __________
#include   __________

main()
{
 long   y,z;
 int   x;
 x=8;
 y=pow(x,5)+________;
 printf("x5+105=%ld\n",y);
}
```

（2）利用条件表达式计算：当 x> y 时 a=10*x，否则，a=10*y。

```
main()
{
 int   x,y,a,b;
 x=20; y=10;
 b=______________ ;
 a=10*b;
 printf("a=%d\n",a);
}
```

第 4 章

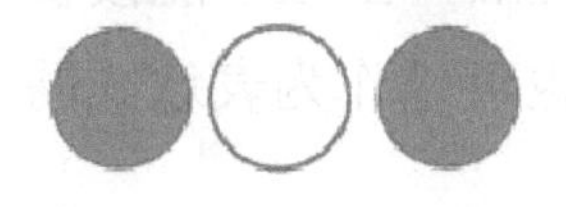

数据的输入与输出

C 语言本身不提供输入/输出语句，只提供输入/输出函数，如字符输入/输出函数 getchar()与 putchar()、按格式输入/输出函数 scanf()与 printf()等，这个特点正好符合结构化程序设计的需要，调用这些函数就可实现数据的输入/输出操作，既规范，又方便。本章涉及的程序都属于顺序结构程序设计。

【本章要点】

（1）字符输入/输出函数的使用。

（2）按格式输入/输出函数及格式字符的用法。

【学习目标】

（1）掌握单个字符输入/输出的程序设计。

（2）了解怎样才能实现字符的连续输入/输出。

（3）熟练掌握按格式输入/输出函数中格式字符的用法，特别是输出格式的控制。

（4）进一步熟悉简单的程序设计——顺序结构的程序设计方法。

【课时建议】

讲授 3 课时，上机 2 课时。

4.1 字符输入/输出函数

4.1.1 字符输入函数 getchar()

此函数的作用是从终端（一般默认为键盘，或者为系统隐含指定的其他输入设备）接收一个字符的输入。它的返回值为一个整型数，即输入字符的 ASCII 码值。getchar()函数没有参数，其一般形式为：

```
getchar()
```

说明：

（1）在用使 C 语言标准 I/O 库中的函数时，应在程序前加上编译预处理命令#include <stdio.h>加以说明（有关编译预处理命令的使用，详见第 9 章）。

（2）getchar()函数只接收一个字符，并且必须待用户按回车键后，函数才能接收。

（3）该函数得到的字符可以赋给一个字符变量或整型变量，也可以作为表达式的一部分，不赋给任何变量而直接参加运算。

（4）该函数不能单独作为一个语句，一般情况下，要先定义一个字符型变量，再使用 getchar()函数，并将函数值赋给这个字符型变量。

请看程序举例。

【例 4.1】编写从键盘接收一个字符并输出该字符和其 ASCII 码值的程序。

```
# include  <stdio.h>
main()
{
 char c;
 c=getchar();
 printf("%c %d",c,c);
}
```

若输入：

```
a↙
```

则输出：

```
a 97
```

当程序运行到 getchar()函数时，其等待接收字符，用户输入字符（在屏幕上显示），并按回车键后程序才能继续运行。C 语言还提供了一个与此功能类似的 getch()函数，它与 getchar()函数的不同之处是，接收字符时不等待用户按回车键，并且屏幕上不显示输入的字符。

【例 4.2】从终端输入两个字符赋给变量 c1 和 c2，并且将 ASCII 码值较大者赋给变量 c，并输出 ASCII 码值较大的字符。

编写这样的程序，很容易让我们想到【例 3.6】。该程序是通过 scanf()函数从键盘接收 3 个浮点数，然后求出最大值并输出，现在从键盘接收两个字符，求出它们的最大值并输出，程序如下：

```
#include <stdio.h>
main()
{
 char c,c1,c2;
 (c1=getchar())>(c2=getchar())?(c=c1):(c=c2);
 printf("%c",c);
}
```

则输入：

```
fm
```

则输出：

```
m
```

4.1.2 字符输出函数 putchar()

putchar 函数的作用是向终端（默认为显示器）输出一个字符，其一般形式为：

```
putchar(ch)
```

该函数是一个有参函数，参数 ch 通常为字符型变量、ASCII 码值（0~255 之间的整型数）或字符本身（字符本身要用单引号括起来），函数类型是整型。

【例 4.3】编写从键盘接收一个字符并输出该字符的程序。

```
# include <stdio.h>
main()
{
 char c;
 c=getchar();
 putchar(c);
}
```

若输入：

```
a ↙
```

则输出：

```
a
```

说明：

（1）在使用 putchar()函数时，应在程序前使用编译预处理命令#include<stdio.h>。

（2）在该例中，将 getchar()和 putchar()函数组合起来使用。输入一个字符赋给变量 c，之后将该字符输出到屏幕上。

（3）putchar()函数也可以输出控制字符和其他转义字符，如 putchar('\n')输出一个换行符、putchar('\'')输出一个单引号字符。

【例 4.4】编写输出普通字符和控制字符的程序。

```
#include <stdio.h>
main()
{
 int  b;
 char c;
 b=108; c='m';
 putchar(b); putchar('\n');
 putchar(c); putchar('\n');
}
```

输出：

```
l
m
```

【例 4.5】编写输出普通字符、控制字符和转义字符的程序。

```
#include <stdio.h>
main()
{
  char a,b;
  a='\'' ;  b='m';
  putchar(a); putchar(b); putchar(a); putchar('\n');
 putchar(b); putchar('\n');
}
```

输出：

```
'm'
m
```

注 意

通过【例 4.1】与【例 4.4】的对比，请分析使用 putchar()函数输出字符，与使用 printf()函数输出字符有什么不同。

4.1.3 字符的连续输入/输出

有时需要进行字符的连续输入/输出，这里介绍利用循环语句 for 和 while 来实现的一种方法，程序的详细分析可在学习了第 5 章以后再做。

使用无限循环语句 for(;;)可以达到目的。

【例 4.6】字符的连续输入/输出程序 1。

```
# include <stdio.h>
main()
{
 for(;;)
 putchar(getchar());
}
```

输入：

```
abcd↙
```

输出：

```
abcd
```

输入：

```
1234↙
```

输出：

```
1234
```

在这个程序里，可以连续输入任何字符，并且这些字符都能被输出。要以“行”为单位来处理这些字符，输出也是以行为单位处理的。这个程序一直处于运行状态，如何使该程序退出运行状态呢？当然可以强制终止程序的运行，但是结果不一定很理想。我们可以利用while语句的条件表达式设置终止getchar()函数接收输入的终止符。

【例4.7】字符的连续输入/输出程序2。

```
# include <stdio.h>
main()
{
 int c;
 while((c=getchar())!='\n')
 putchar(c);
}
```

输入：

```
ab321↙
```

输出：

```
ab321
```

该程序一旦发现输入为换行符'\n'，便结束运行。当然，还有其他方法可以终止程序的运行，在此不做过多的阐述。

4.2 格式输入/输出函数

4.2.1 格式输出函数printf()

printf()函数在前面例子中已用过，它的作用是向终端按格式输出若干任意类型的数据。

1. 一般形式

```
printf( 控制参数,输出参数 );
```

这是一个带参数的函数，其中的“控制参数”是用双引号引起来的字符串，也称“转换控制说明”，它规定输出参数各项的输出形式，包括3种信息：一是提示字符串，可照原样输出；二是格式转换控制符，由“%”和格式符组成；三是转义字符，输出一些操作行为。输出参数是需要输出的数据，可以是变量或表达式列表，其项数必须与控制参数中的格式转换控制符个数相同，如图4-1所示。

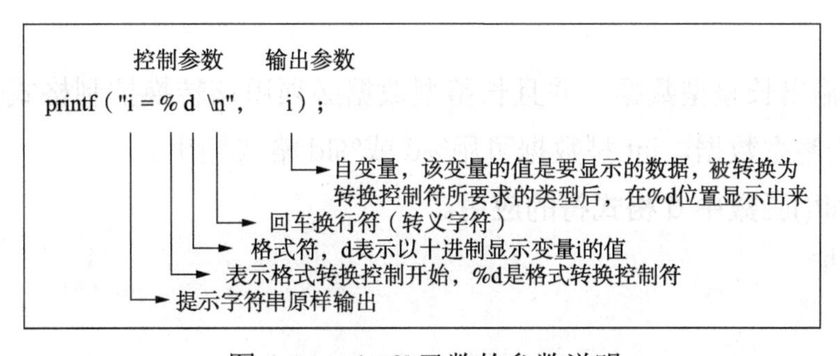

图4-1 printf()函数的参数说明

如果图 4-1 中 i 的值为 321，则图中语句的输出结果为：

```
i=321
```

说明：

（1）用双引号引起来的是控制参数，i 是输出参数，两者之间必须用逗号隔开。

（2）控制参数中的提示字符串，如“i=”按原样输出。

（3）格式符 d 与%之间不能有空格。

（4）格式符不能用大写字母。

（5）控制参数可以包含“转义字符”，如“\n”、“\x07”等，它们的意义在第 2 章已做过介绍。

2. printf()函数中格式符的用法

在 printf()函数中，数据的输出格式由格式符决定。C 语言提供了 9 种格式符，表示不同的输出要求（请见表 4-1）。如果格式符使用不当，则得不到预期的结果。

表 4-1　printf()函数的输出格式符

格式符	输出格式	示　例	输出结果
d	十进制整数	int a=123;printf("%d",a);	123
o	八进制整数	int a=123; printf("%o",a);	173
x	十六进制整数	int a=123; printf("%x",a);	7b
u	无符号十进制整数	int a=123; printf("%u",a);	123
c	字符	char a='A';printf("%c",a);	A
s	字符串	char *a="OK! ";printf(%s",a);	OK!
f	小数形式浮点数	float a=123.45; printf(%f",a);	123.450000
e	指数形式浮点数	float a=123.45; printf(%e",a);	1.234500e+002
g	比 e 和 f 输出宽度短	float a=123.45; printf(%g",a);	123.45

各种格式符的具体使用方法如下。

（1）d 格式符表示以十进制格式输出整数。

① %d 表示按整型数据的实际长度输出。

② %md，m 代表一个正整数，按 m 指定的宽度输出。若实际数据的位数小于 m，则左端补空格；若大于 m，则按实际位数输出。当 m 前有“-”时，表示按 m 指定宽度左对齐，右边补空格。

③ %ld 表示输出长整型数据，并且长整型数据必须用该转换控制格式输出。%mld 表示输出指定宽度的长整型数据。int 型数据可用%d 或%ld 格式输出。

【例 4.8】printf()函数中 d 格式符的应用。

```
#include <stdio.h>
main()
{
```

```
 nt a,b;
 long c,d;
 a=32767; b=1;
 c=2147483647;d=1;
 printf("%4d,%4d\n",a,b);
 printf("%d,%d\n",a,b);
 printf("%ld,%ld\n",c,d);
 printf("%10ld,%10ld\n",c,d);
}
```

输出：

```
32767，□□□1（其中□代表一个空格位）
32767,1
2147483647,1
2147483647, □□□□□□□□□1
```

注 意

printf()函数和下面要介绍的 scanf()函数是格式输出/输入函数，它们与字符输出/输入函数一样，使用时应在程序前加上编译预处理命令#include <stdio.h>进行说明，但 printf()和 scanf()函数使用较频繁，系统允许不加编译预处理命令。

（2）o 格式符，以无符号八进制格式输出整数。

也可以用%lo 输出长整型数，用%mo 输出指定宽度的八进制整数。

【例 4.9】printf()函数中 o 格式符的应用。

```
#include <stdio.h>
main()
{
 int a=8,b=9;
 printf("十进制数%d 对应的八进制数是：%o\n",a,a);
 printf("十进制数%d 对应的八进制数是：%o\n",b,b);
}
```

输出：

```
十进制数 8 对应的八进制数是：10
十进制数 9 对应的八进制数是：11
```

（3）x 格式符，以无符号十六进制格式输出整数。

也可以用%lx 输出长整型数，用%mx 输出指定宽度的十六进制整数。

【例 4.10】printf()函数中 x 格式符的应用。

```
#include <stdio.h>
main()
{
 int a=10, b=12;
```

```
 printf("十进制数%d 对应的十六进制数是：%x\n",a,a);
 printf("十进制数%d 对应的十六进制数是：%x\n",b,b);
}
```

输出：

```
十进制数 10 对应的十六进制数是：a
十进制数 12 对应的十六进制数是：c
```

【例 4.11】输入一个十进制整数，输出其对应的八进制和十六进制整数。

```
#include <stdio.h>
main()
{
 int a;
 printf("输入一个十进制整数：");
 scanf("%d",&a);
 printf("%d 对应的八进制整数是%o  对应的十六进制整数是%x\n",a,a,a);
}
```

输出：

```
输入一个十进制整数：2023↙
2023 对应的八进制整数是 3747   对应的十六进制整数是 7e7
```

（4）c 格式符，用来输出一个字符。

对于一个整数，只要它的值在 0～255 内，就可以用字符格式输出。当然也可以将一个字符数据转换成相应的整型数据（ASCII 码值）输出。%mc 输出指定宽度的字符型数据（没占满宽度时，左补空格）。

【例 4.12】printf()函数中 c 格式符的应用。

```
#include <stdio.h>
main()
{
 char c='b';
 int  i=98;
 printf("%c,%3c,%d\n",c,c,c);
 printf("%c,%3c,%d\n",i,i,i);
}
```

输出：

```
b,□□b,98
b,□□b,98
```

（5）s 格式符，用来输出一个字符串。

① %s，照原样输出字符串。

② %ms，输出指定宽度的字符串，若实际字符串长度小于 m，则左补足空格，若实际字符串长度大于 m，则按实际字符串长度输出。

③ %-ms 与%ms 一样，不同的是当实际字符串长度小于 m 时，字符串向左边靠，右补

空格。

④ %m.ns 输出指定宽度为 m、从左端取出的 n 个字符（n 代表一个正整数）。若 n<m，则左补足空格；若 n>m，则输出 n 个字符。

⑤ %-m.ns 同%m.ns 一样，不同的是，当 n<m 时右补足空格。

【例 4.13】printf()函数中 s 格式符的应用。

```
#include <stdio.h>
main()
{
 char *a="hello,world";
 printf(":%10s:\n",a);
 printf(":%-10s:\n",a);
 printf(":%20s:\n",a);
 printf(":%-20s:\n",a);
 printf(":%20.10s:\n",a);
 printf(":%-20.10s:\n",a);
 printf(":%.10s:\n",a);
 printf("%s\n","very good");
}
```

输出：

```
:hello,world:
:hello,world:
:□□□□□□□□□hello,world:
:hello,world□□□□□□□□□:
:□□□□□□□□□□hello,worl:
:hello,worl□□□□□□□□□□:
:hello,worl:
very good
```

%.10s 指定了 n，未指定 m，此时 n=m=10。

（6）f 格式符，用来输出浮点数（单、双精度数据），以小数格式输出。

① %f 按系统规定的格式输出，即整数部分全部输出，小数部分取 6 位。一般情况下，单精度浮点数的有效位数为 7 位（不包括小数点在内的前 7 位数是准确的，超过部分无意义），双精度浮点数的有效位数为 16 位。

② %m.nf 或%-m.nf 输出指定宽度为 m（小数点也占一位），保留 n 位小数的浮点数。若输出的浮点数的实际宽度小于 m，则左补空格，数字向右边靠（或右补空格，数字向左边靠。当格式符为%0m.n 时，以 0 填充）；若输出的浮点数的实际宽度大于 m，则按实际宽度输出，并保留 n 位小数。

③ %.nf 也是按实际宽度输出，保留 n 位小数。

【例 4.14】printf()函数中 f 格式符的应用。

```
#include <stdio.h>
```

```
main()
{
 float  f=1111.11111;
 double d=22222.2222222222222;
 printf("%f,%f,%10.2f\n",f,d,f);
 printf("%-10.2f,%010.2f,%.2f\n",f,d,d);
}
```

输出：

```
1111.111084,22222.222222,□□□1111.11
1111.11□□□,0022222.22,22222.22
```

（7）e 格式符，以指数形式输出浮点数。

① %e 按系统规定输出指数形式的浮点数。系统规定，指数部分占 5 位（如 e+003 或 e-003），小数点占一位，小数点前只有一个非零数字，小数点后取 6 位，共计 13 位（如 1.234567e+003）。

② %m.ne 输出指定宽度为 m，保留 n 位小数的浮点数。若输出的浮点数的实际宽度小于 m，则左端补空格，数字向右边靠（若格式符为%-m.ne，则右端补空格，数字向左边靠）；若输出的浮点数的实际宽度小于 m，则按实际宽度输出且保留 n 位小数。

③ %.ne 按实际宽度输出，保留 n 位小数。

④ %me 输出指定宽度为 m 的浮点数，保留 6 位小数。若输出的浮点数的实际宽度小于 m，则按实际宽度输出。

【例 4.15】printf()函数中 e 格式符的应用。

```
#include <stdio.h>
main()
{
 float  x=654.321;
 printf("%e,%10e,%10.2e,%.2e,%-10.2e",x,x,x,x,x);
}
```

输出：

```
6.543210e+002,6.543210e+002,□6.54e+002,6.54e+002,6.54e+002□
```

（8）g 格式符，输出浮点数，输出时会自动去掉小数点后无意义的零。

【例 4.16】printf()函数中 g 格式符的应用。

```
#include <stdio.h>
main()
{
 float  x=654.321;
 printf("%f, %g",x,x);
}
```

输出：

```
654.320984, 654.321
```

其中，输出 654.320984 是内存中的存储误差导致的。

4.2.2 格式输入函数 scanf()

1. scanf()的一般形式

scanf()函数用来按格式输入任何类型的多个数据。其一般形式为：

```
scanf(控制参数,地址列表)
```

“控制参数”的含义同 printf()函数中的控制参数的含义，“地址列表”是由若干个地址组成的列表，可以是变量的地址或字符串的首地址。

下面先看一个使用 scanf()函数的程序及其说明。

【例 4.17】输入两个整数，输出它们的和及平均值。

```
#include <stdio.h>
main()
{
 int a,b,sum;
 float aver;
 printf("输入两个整数（以空格间隔）：");
 scanf("%d%d",&a,&b);    // 输入两个整数到变量 a 和 b 中
 sum=a+b;
 aver=(float)sum/2;
 printf("和为%d\n 平均值为%.2f",sum,aver);
}
```

输出：

```
输入两个整数（以空格间隔）：12  27↙
和为 39
平均值为 19.50
```

说明：

（1）程序运行时，将 12 和 27 分别输入 a 和 b 两个整型变量中。scanf()函数中的“%d”格式符表示输入整型数据，“&”是取地址运算符，&a 为变量 a 在内存中的地址。

（2）在给多个输入项输入数据时，从键盘输入的各项数据之间可以用空格、回车符或其他符号作为分隔符。例中 scanf("%d%d",&a,&b)可以使用空格或回车符作为分隔符。如果希望输入数据时以逗号为分隔符，则可以改为 scanf("%d,%d",&a,&b)。

（3）C 语言的初学者在使用 scanf()函数时，非常容易出现丢掉取地址运算符“&”的错误。例如：

```
scanf("%d %d ",a,b,);
```

这样使用是不对的，在编译程序时虽然不会出现出错提示信息，但是在运行时不会生成正确的结果，读者一定要注意这一点。

2. scanf()中的格式符

scanf()函数是格式输入函数，其输入数据的类型受到格式符的控制。它的输入格式符有 8

种，如表 4-2 所示。

表 4-2 scanf()函数的输入格式符

格式符	输入类型
d	十进制整数
o	八进制整数
x	十六进制整数
u	无符号十进制整数
c	字符
s	字符串
f	小数形式浮点数
e	指数形式浮点数

常用格式符具体介绍如下。

（1）d 格式符，用来输入十进制整数。输入时有以下两种情形。

① 格式符之间有非格式字符。

例如：

```
scanf("i=%d",&i);            /*输入 i=123                  合法。*/
scanf("%d,%d",&i,&j);        /*输入 123,456                合法。*/
scanf("%d:%d",&i,&j);        /*输入 123:456                合法。*/
scanf("%d□%d",&i,&j);        /*输入 123□456 或 123□□□456   合法。*/
```

该例子说明，如果转换控制说明中有格式符之外的字符，则在输入时，要在与之对应的位置输入与之相同的字符（当该字符是一个空格时，则输入一个或多个空格均合法）。

② 格式符之间没有非格式字符。

例如：

```
scanf("%d%d",&x,&y);         /*输入：1□□2              合法。*/
                             /*输入：1
                                     2                 合法。*/
                             /*输入：1（按 Tab 键）2    合法。*/
```

该例子说明，如果转换控制说明中格式符之间没有非格式字符，则在输入时，要在两个数据之间输入一个或一个以上的空格，或者按回车键或 Tab 键，都是合法的。

其他格式符也有类似的情况。

（2）c 格式符，用来输入单个字符。在输入时，空格和转义字符都会按有效字符接收；当格式符之间有空格时，输入的空格将被忽视。

【例 4.18】scanf()函数中 c 格式符的应用。

```
#include  <stdio.h>
main()
{
char a;
 scanf("%c",&a);
```

```
 printf("%c\n",a);
}
```

输入：

```
e↙
```

输出：

```
e
```

输入：

```
good↙
```

输出：

```
g    （仅将第一个字符 g 赋给变量 a）
```

【例 4.19】输入空格被忽视的情况。

```
#include  <stdio.h>
main()
{
 char a,b;
 scanf("%c  %c",&a,&b);
 printf("%c%c\n",a,b);
}
```

输入：

```
we↙
```

输出：

```
we
```

输入：

```
w    e↙
```

输出：

```
we
```

输入：

```
w↙
e↙
```

输出：

```
we
```

【例 4.20】使用 scanf()函数连续输入多个字符。

```
#include  <stdio.h>
main()
{
 char a,b;
 canf("%c",&a);
 scanf("%c",&b);
 printf("%c%c\n",a,b);
}
```

输入：

```
ask↙    （将字符 a 赋给变量 a，字符 s 赋给变量 b）
```

输出：

```
as
```

输入：

```
a↙      （将字符 a 赋给变量 a，字符↙赋给变量 b）
```

输出：

```
a
```

输入：

```
a b↙    （将字符 a 赋给变量 a，字符空格赋给变量 b）
```

输出：

```
a
```

其他形式的输入，请读者自己上机试验。

（3）f 格式符，用来输入浮点数，可以用小数形式或指数形式输入。

（4）其他相关说明。

① 格式符前面的 l（有 5 种情况，如%ld、%lo、%lx、%lf、%le)，表示读长整型或 double 型数据。例如：

```
long i;
double j;
scanf("%ld,%lf",&i,&j);
```

② 格式符前面的数字，指定输入数据所占宽度（但其不能像在 printf()函数中那样指定小数位数）。当输入满足格式要求宽度，或者遇到空白字符、非法字符时，将结束数据输入。

例如：

```
scanf("%2d%d",&i,&j);
```

若输入 123，则变量 i 中存入 12，3 被存入 j 中。

再如：

```
scanf("%2d%4d",&i,&j);
```

若输入 123　456，则变量 i 中存入 12，3 被存入 j 中，456 则不能被读入内存变量。

若输入 123456，变量 i 中存入 12，3456 被存入变量 j 中。

③ 格式符前面的 h（有 3 种情况，如%hd、%ho、%hx）表示输入短整型数据。

④ %后面的*表示本输入项在被读入后不赋给任何变量。例如：

```
scanf("%2d%*3d%3d",&i,&j);
```

若输入 123456，则变量 i 中存入 12，3 被读入，但不存入变量 j 中，而 456 则被存入变量 j 中。

⑤ 为输入方便，若需要在屏幕上显示输入信息，则可在输入语句之前加上一句输出语句，如“输入信息”。

3. scanf()函数的应用综合举例

【例 4.21】使用 scanf()函数输入不同类型的数据。

```
#include  <stdio.h>
main()
{
 char    c;
 int     year,month,day;
 float   f;
 double d;
 char    s[10];
 printf("\nInput a char & 3 Integer(Decimal,Octal,Hexdecimal):\t");
 scanf("%c %d %o %x",&c,&year,&month,&day);
 printf("\nD=%d,O=%o,H=%x,C=%d\n",year,month,day,c);
 printf("\nInput a Float & a Double:\t");
 scanf("%f %lf",&f,&d);
 printf("\nFloat=%e,Double=%lf\n",f,d);
 printf("\nInput a String of chars:\t");
 scanf("%10s",s);
 printf("\nString=%s\n",s);
 printf("\nInput present date & week (year,month,week,day):\t") ;
 scanf("%4d %2d %*s %2d",&year,&month,&day);
 printf("\nPresent date:%d%d%d\n",year,month,day);
}
```

输入数据与输出结果如下：

```
Input a char & 3 Integer(Decimal,Octal,Hexdecimal): c 1993 7 19↙
D=1993,O=7,H=19,C=C
Input a Float & a Double: 123.456   1.23456789↙
Float=1.234560e+002,Double=1.234568
Input a String of chars: abcdefg↙
strint=abcdefg
Input present date & week (year,month,week,day): 1993 7 abc 19↙
Present date:1993719
```

【例 4.22】输入一个加法算式，输出其运算结果。

```
#include <stdio.h>
main()
{
 int a,b;
 printf("输入一个加法算式：");
 scanf("%d+%d",&a,&b);
 printf("%d",a+b);
}
```

输出：

```
输入一个加法算式：208+56↙
264
```

1. 单项选择题

（1）下列叙述不正确的是__________。

A. getch()函数用于从键盘接收一个字符，不必按回车键

B. 多个输入数据项之间的分隔符可用空格、Tab 符、换行符、数字 0 等

C. 结束数据输入的方法有：遇到空白字符、非法字符或输入满足了格式要求宽度

D. 在 scanf()函数的地址列表中，除 s 外，其他变量前必须加地址运算符“&”

（2）当输入数据为 12345678 时，下面程序运行的结果是________。

```
#include <stdio.h>
main()
{
 int a,b;
 scanf("%2d%3d",&a,&b);
 printf("%d\n",a+b);
}
```

A. 46　　B. 57　　C. 357　　D. 出错

（3）putchar()函数可以向终端输出一个__________。

A. 字符串　　B. 整型变量的值

C. 浮点型变量的值　　D. 字符或字符型变量的值

（4）printf()函数中的格式符__________。

A. 与%之间可以有空格　　B. 可以用大小写字母

C. 可以控制输出任意类型的数据　　D. 可以直接控制输出小数的位数

2. 问答题

（1）如果希望 a=2023、b=12、c='r'，那么在使用下面的语句的情况下，如何在键盘上输入数据？

```
scanf("%d,%d%c",&a,&b,&c);
```

（2）有如下程序，写出该程序的意义，若从键盘输入 a=b=5，则程序运行结果如何？

```
#include <stdio.h>
main()
{
 int a,b,sum;
 printf("输入一个整数：");
```

```
    scanf("%d",&a);
    printf("输入另一个整数：");
    scanf("%d",&b);
    sum=a+b;
    printf("%d+%d= %d\n",a,b,sum);
}
```

3. 写出下列程序的运行结果

（1）

```
#include <stdio.h>
main()
{
    int x,y,z;
    long m,n,o,;
    unsigned p,q,r;
    x=32766; y=1; z=2;
    m=2147483646; n=1; o=2;
    p=65534; q=1; r=2;
    printf("%d,%d\n",x+y,x+z);
    printf("%ld,%ld\n",m+n,m+o);
    printf("%u,%u",p+q,p+r);
}
```

（2）

```
#include <stdio.h>
main()
{
    char c1,c2,c3,c4;
    c1='y';c2='e';c3='s';c4=', ';
    a="I am computer.";
    printf("%c%c%c%c",c1,c2,c3,c4);
}
```

（3）

```
#include <stdio.h>
main()
{
    char x,y;
    x='a'; y='b';
    printf("pq\brs\ttw\r");
    printf("%c\\%c'\n",x,y);
    printf("%o\n",'\123');
}
```

（4）

```
#include <stdio.h>
```

```
main()
{
 float x=58.8873, y=-555.678;
 char c='B';
 long n=7567890;
 unsingned u=76768;
 printf("%f,%f\n",x,y);
 printf("%-12f,%-12f\n,"x,y);
 printf("%8.3f,%8.3f,%.3f,%.3f,%5f,%3f\n",x,y,x,y,x,y);
 printf("%e,%10.2e\n",x,y);
 printf("%c,%d,%o,%x\n",c,c,c,c);
 printf("%ld,%lo,%x\n",n,n,n);
 printf("%u,%o,%x,%d\n",u,u,u,u);
 printf("%s,%5,3s\n","COMPUTER","ABCDEFGHI");
}
```

4. 编写程序

（1）从键盘输入一个大写字母，要求改为小写字母并输出（提示：大写字母对应的 ASCII 码值比相应的小写字母的 ASCII 码值小 32）。

（2）从键盘输入学生的 3 门课程成绩，求其总成绩、平均成绩和总成绩除以 3 的余数。

（3）若 a=1，b=2，c=3，d=7.2，e=−5.5，f=1.56，g=12345，h=123456，i='0'，j='p'。设计一个程序，得到下列输出结果：

```
a=1  b=2  c=3
d=7.200000,e=–5.500000,f=1.560000
d+e=-1.70   e+f=-3.94   d+f=8.760
g=12345    h=123456
i='0' or 11
j='p' or 112
```

上机实习指导

一、学习目标

数据的输入、处理、输出是一个程序的基本功能。本章主要介绍 4 个输入/输出函数，C 语言通过调用这些函数实现数据的输入/输出操作。因此，学好本章内容是学好 C 语言程序设计的基础。通过本章的学习，读者应掌握以下内容。

（1）掌握各个输入/输出函数的使用方法。

（2）掌握程序输出格式的控制方法。

二、应注意的问题

1. 注意使用编译预处理命令#include

当使用 getchar()和 putchar()函数时，应在程序前使用编译预处理命令：

```
#include <stdio.h>
```

该命令的作用是把头文件 stdio.h 包含到该程序中。这是因为 getchar()和 putchar()函数都是库函数，它们的原型说明（如函数的类型及其参数的类型、函数中用到的符号常量等）都放在头文件中，如果不将头文件包含进去，程序就不能顺利通过编译。

2. 使用 scanf()函数时容易出现的错误

（1）在变量名前不要忘记写取地址运算符“&”。

在程序中使用 scanf()函数时，如果忘记在变量名前写取地址运算符“&”，如 scanf("%d",a)，则程序编译和连接虽然都能顺利通过，但是运行结果一定不对。这种错误很难被发现，要特别注意。

（2）输入浮点数时不能指定小数位数。

在使用 printf()函数输出浮点数时，可以指定数据的宽度和小数位数；但在使用 scanf()函数输入数据时，允许指定数据的宽度，却不允许指定小数位数。

看下面的程序：

```
#include <stdio.h>
main()
{
  float a;
  scanf("%.2f",&a);
  printf("a=%f",a);
}
```

该程序同样能顺利通过编译和连接，但是运行结果是错误的。在运行时，不等待输入变量 a 的值，就直接显示一串无意义的数字。

（3）不能使用 scanf()函数的参数来显示输入数据的提示信息。

例如：

```
scanf("a=%d,b=%d",&a,&b);
```

该语句的设计者是想在程序运行时，先显示“a=”和“b=”的提示信息，再输入变量 a 和 b 的值。这种想法很好，但做法是错误的，达不到该目的。因为在 scanf()函数的控制参数中，格式符以外的所有字符，在程序运行时要求原样输入而不是原样输出。

要想达到上述目的，应该使用输出函数，如使用语句：

```
printf("a=");        /*或使用 printf("输入第一个整数");*/
scanf("%d",&a);
printf("b=");        /*或使用 printf("输入第二个整数");*/
scanf("%d",&b);
```

上机实习一　字符的输入/输出

一、目的要求

（1）掌握 getchar()函数和 putchar()函数的使用方法。

（2）了解 getch()函数与 getchar()函数使用时的不同点。

二、上机内容

1. 运行以下程序，注意观察运行结果

（1）

```
#include <stdio.h>
main()
{
 char c1,c2;
 c1=getchar();
 c2=getchar();
 printf("c1=\'%c\'\n",c1);   /* \' 的作用是输出单撇号' */
}
```

说明：当运行该程序时，分别输入下面 3 组数据，注意观察不同的运行结果，并思考为什么。

第一组数据：

```
a ↙
```

第二组数据：

```
ab ↙
```

第三组数据：

```
abc ↙
```

（2）

```
#include <stdio.h>
main()
{
  char ch,c1,c2;
  printf("请输入一个字母：");
  ch=getchar();
  c1=ch-1;
  c2=ch+1;
  printf("\n%c 的前一个字母是%c,后一个字母是%c",ch,c1,c2);
}
```

说明：可将程序中的语句“ch=getchar();”改成“ch=getch();”，看看运行结果有什么变化。

2. 完善程序

下面程序的功能是，用户输入一个小写字母，输出其对应的大写字母；若输入的不是小写字母，则提示输入出错。

请在程序中的横线处填写正确的语句或表达式，使程序完整，并上机调试，使其运行结果与下面给出的结果一致。

```
#include <stdio.h>
main()
{
  char ch1,ch2;
  printf("请输入一个小写字母：");
  ch1=_______________;
  ch2=_______________;
  (_________________)?putchar(_____):printf("输入出错！");
}
```

运行结果1：

```
请输入一个小写字母：
a ↙
A
```

运行结果2：

```
请输入一个小写字母：
# ↙
输入出错！
```

运行结果3：

```
请输入一个小写字母：
d ↙
D
```

上机实习二　格式输入/输出函数的使用

一、目的要求

（1）掌握 scanf()函数和 printf()函数的调用方法，并了解它们允许使用的格式符。

（2）熟悉 scanf()函数对各种类型数据的键盘输入格式的要求。

（3）能灵活使用 printf()函数控制屏幕输出格式。

二、上机内容

1. 行以下程序，注意观察运行结果

（1）

```
#include <stdio.h>
main()
{
 int a,b;
 float c;
 scanf("%d%d%f",&a,&b,&c);
 printf("a=%d\n",a);
 printf("b=%d\n",b);
 printf("c=%f\n",c);
}
```

说明：当运行该程序时，按下面 3 种格式输入数据，注意观察不同的运行结果。

第一种输入格式：

```
10 25 4.72 ↙
```

第二种输入格式：

```
10 ↙
25 ↙
4.72 ↙
```

第三种输入格式：

```
10,25,4.72 ↙ /*这种输入格式对吗？想一想为什么*/
```

（2）

```
#include <stdio.h>
main()
{
 int a,b;
 char c;
 scanf("%d,%d;%c",&a,&b,&c);
 printf("a=%d\n",a);
 printf("b=%d\n",b);
 printf("c=%c\n",c);
}
```

说明：当运行程序时，如果想使变量 a 的值为 113、b 的值为 3270、c 为 x 字符，那么该如何从键盘输入数据呢？

（3）

```
#include <stdio.h>
main()
{
 float p=3.14159;
```

```
    printf("p=%.2f\n",p);
    printf("p=%.4f\n",p);
    printf("p=%10.2f\n",p);
    printf("p=%10.4f\n",p);
    printf("p=%-10.2f\n",p);
    printf("p=%-10.4f\n",p);
}
```

2. 完善程序

下面程序的功能是，根据商品的原价和折扣率，计算商品的实际售价。请在程序中的横线处填写正确的语句或表达式，使程序完整。完成后上机调试，使程序的运行结果与给出的结果一致。

```
#include <stdio.h>
main()
{
    float cost,percent,c;
    printf("请输入商品的原价（单位：元）");
    scanf("_____",&cost);
    printf(_________________);
    scanf("______",&percent);
    c=cost*percent;
    printf(_________________,c);
}
```

运行结果：

```
请输入商品的原价（单位：元）120 ↙
请输入折扣率：0.85 ↙
实际售价为：102.00 元
```

3. 编写程序

已知：1 公里=2 里=1000 米

设计一个程序，其功能是将输入的公里数换算成里和米。要求输入/输出形式如下：

```
请输入公里数：2.5 ↙
2.5 公里=5.00 里=2500.00 米
```

编写好程序后，请上机调试通过。

第5章

控制结构程序设计

语句是C语言程序的基本组成部分，控制语句可以构成程序控制结构，使程序按特定顺序执行。控制结构是程序设计中算法实现的重要手段。本章主要介绍各种控制语句及相关的表达式，以及含有控制结构的程序设计方法。

【本章要点】

（1）关系表达式与逻辑表达式。

（2）条件选择结构语句if的3种形式及应用程序举例。

（3）多分支选择结构语句switch。

（4）循环语句for、while和do-while的特点及循环程序设计。

（5）终止语句break、继续语句continue及无条件转移语句goto。

【学习目标】

（1）掌握选择结构语句的使用方法和选择结构程序设计的方法。

（2）掌握循环语句的使用方法和循环程序设计的方法。

（3）掌握转移语句的使用方法。

（4）理解程序设计中的几种常见算法的基本思想。

【课时建议】

讲授10课时，上机6课时。

5.1 关系表达式与逻辑表达式

关系表达式与逻辑表达式是构成程序控制结构的关键元素，控制结构包括选择结构和循环结构等，在这些结构中要通过表达式的值来判断程序的走向。因此，在理解和熟悉程序设计的常见算法时，掌握关系表达式与逻辑表达式的用法要比掌握其他表达式更为重要。

5.1.1 关系运算符与关系表达式

1. 关系运算符

C 语言中有 6 种关系运算符：<（小于）、<=（小于或等于）、>（大于）、>=（大于或等于）、==（等于）、!=（不等于）。

说明：

（1）<、<=、>、>=的优先级相同，并且高于==和!=的优先级；==和!=的优先级相同。

例如，x==y>z 等效于 x==(y>z)，z>x−y 等效于 z>(x−y)，x=y<z 等效于 x=(y<z)。

（2）关系运算符的优先级低于算术运算符的优先级，高于赋值运算符的优先级，使用时要注意区分==（关系运算符）与=（赋值运算符）的不同。

2. 关系表达式

用关系运算符将两个表达式（可以是算术表达式、赋值表达式、字符表达式、关系表达式、逻辑表达式）连接起来的式子，称为关系表达式。

例如，(x>y)>z−5 和'x'>'y'都是关系表达式。

说明：

（1）在关系运算中，表达式只有真和假两个值，输出时用 1 和 0 表示。

（2）若规定的关系成立，则其结果为 1，反之为 0；1 和 0 总是 int 型数据，并遵循算术转换。

（3）C 语言中没有布尔量，这一点与其他语言不同。例如，若 x=3，y=2，z=1，则 x>y 的值为 1，代表“真”；(x<y)==z 的值为 0，代表“假”。

（4）关系表达式的值反映两个表达式比较和判断的结果：一种是判断条件正确，即为“真”；另一种是判断条件不正确，即为“假”。这种表达式常常作为判断条件应用于条件选择语句中。

5.1.2 逻辑运算符与逻辑表达式

1. 逻辑运算符

在 C 语言中，有类似于其他语言中的 AND（与）、OR（或）、NOT（非）的三种逻辑运算符：&&（逻辑与）、||（逻辑或）、!（逻辑非）。

说明：

（1）三种运算符的优先级顺序为：!（非）>&&（与）>||（或），即“!”的优先级最高。

（2）逻辑运算符“&&”和“||”的优先级低于关系运算符的优先级，“!”的优先级高于算术运算符的优先级。

（3）“&&”和“||”是双目运算符，要求有两个运算量（操作数），如 x&&y、(x>y)||(a<b)。运算符两边的操作数不一定是同类型的，但它们都必须是基本型或指针型，结果为整型数据。

（4）“!”是单目运算符，只要求有一个运算量，如!x、!(x<y)。

（5）逻辑运算的规则是：在进行逻辑与运算时，两个操作数都为真，结果才为真；在进行逻辑或运算时，只要一个操作数为真，结果就为真；在进行逻辑非运算时，非真即为假，非假即为真。表 5-1 为逻辑运算的“真值表”。

表 5-1　逻辑运算的“真值表”

x	y	!x	!y	x&&y	x||y
真（非 0）	真（非 0）	假（0）	假（0）	真（1）	真（1）
真（非 0）	假（0）	假（0）	真（1）	假（0）	真（1）
假（0）	真（非 0）	真（1）	假（0）	假（0）	真（1）
假（0）	假（0）	真（1）	真（1）	假（0）	假（0）

2. 逻辑表达式

使用逻辑运算符将关系表达式或逻辑量连接起来的式子就是逻辑表达式。逻辑表达式的值应该是一个逻辑量“真”或“假”。C 语言编译系统在给出逻辑运算结果时，以数值 1 代表“真”，以数值 0 代表“假”。在判断一个逻辑量时，以非 0 代表“真”。

例如：

（1）若 x=5，y=6，则：

!x 的值为 0（x 不为 0 是真，非真即为假，结果是“假”）。

x&&y 的值为 1（x 不为 0 且 y 也不为 0，两者都为真，结果为“真”）。

x||y 的值为 1（x 或 y 有一个不为 0，则值不为 0，结果为“真”）。

!x||y 的值为 1（先求出非 x 的值为 0，再与不为 0 的 y 进行或运算，结果为“真”）。

x&&2||!y 的值为 1（非 y 为 0，x 与 2 运算不为 0，两者或运算，结果为“真”）。

（2）5>2&&2||6<4-!0，其值为 1，代表“真”。

该运算中的优先级顺序如下：

“!”运算符的优先级高于算术运算符“-”的优先级；“-”运算符的优先级高于关系运算符“>”或“<”的优先级；“>”或“<”的优先级高于逻辑运算符“&&”和“||”的优先级；而“&&”和“||”的优先级相同，从左向右结合。

① !0 运算得 1（真）。

② 4 – 1 运算得 3。

③ 5>2 运算得 1（真）。

④ 6<3 运算得 0（假）。

⑤ 1&&2||0 运算得 1，结果为“真”。

5.2 if 语句

在学习了关系表达式和逻辑表达式后，就可以进行比顺序结构复杂的程序结构设计了，如选择结构和循环结构等。选择结构分为条件选择结构与多分支选择结构，本节讲解构成条件选择结构的 if 语句。

5.2.1 if 语句的三种形式

1. if 语句的第一种形式

```
if(表达式)  语句
```

其中，“表达式”一般为逻辑表达式或关系表达式，表达式的数据类型可以是任意数据类型（如整型、浮点型、字符型、指针型）。例如：

（1）if(a>b && a>c) printf("%d",a);

其中，表达式是逻辑表达式。

（2）if('a') printf("%d",'b');

其中，表达式的数据类型为字符型，最后的执行结果是输出“b”的 ASCII 码值 98。

系统对表达式的值进行判断，若为 0，则按“假”处理，若为非 0，则按“真”处理，执行指定的语句。流程图和 N-S 图如图 5-1（a）所示。

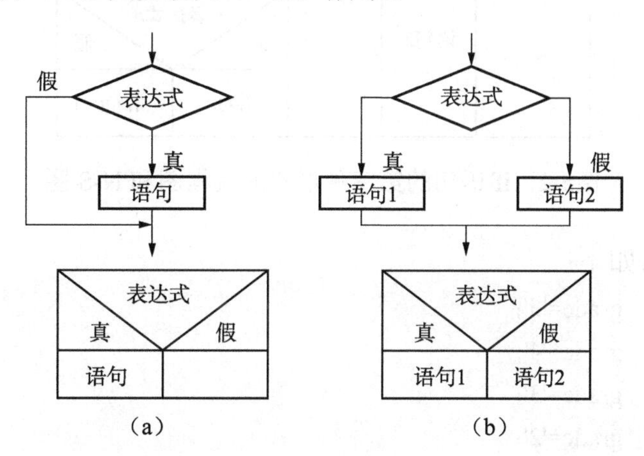

图 5-1 if 语句的第一种形式及第二种形式的流程图和 N-S 图

2. if 语句的第二种形式

```
if(表达式)  语句 1
else  语句 2
```

其中的表达式同 if 语句的第一种形式的表达式，流程图和 N-S 图如图 5-1（b）所示。例如：

```
if(a>b)  printf("%d", a);
else  printf("%d", b);
```

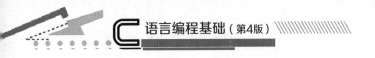

3. if 语句的第三种形式

```
if(表达式 1)  语句 1
else  if(表达式 2)  语句 2
else  if(表达式 3)  语句 3
  ⋮          ⋮
else  if(表达式 n)  语句 n
else            语句 n+1
```

其中的表达式同 if 语句的第一种形式的表达式，流程图和 N-S 图如图 5-2 所示。

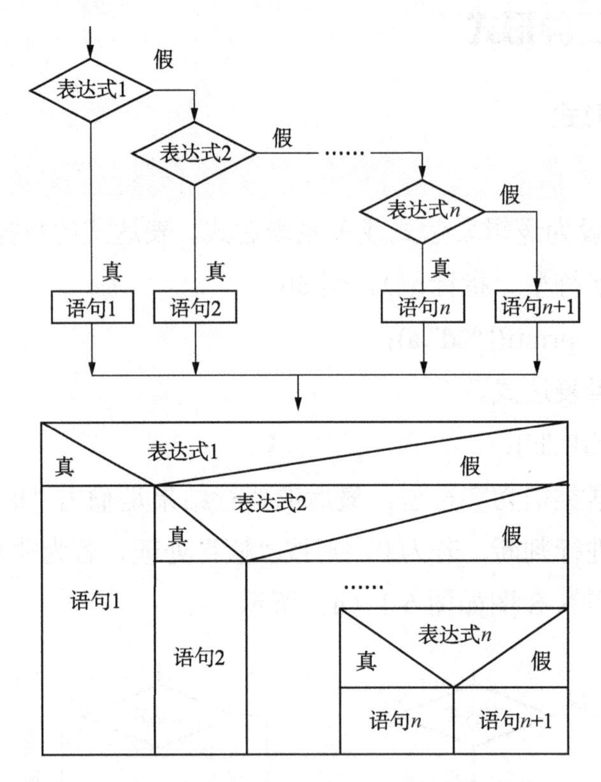

图5-2　if 语句的第三种形式的流程图和 N-S 图

该语句形式的示例如下：

```
if(score>89)         grade='5';
else  if(score>74)   grade='4';
else  if(score>59)   grade='3';
else                 grade='2';
```

说明：

（1）在第二种、第三种形式的 if 语句中，在每个语句后都有一个分号，整个语句的结束处也有一个分号。每个分号都是必不可少的，否则将出现语法错误。但不要认为它们是用分号隔开的若干语句，它们仍属于同一个 if 语句。

（2）在 if 和 else 后面可以只有一个操作语句，也可以有多个操作语句，此时要用大括号“{　}”将几个语句括起来组成一个复合语句。注意，在复合语句的右括号后面不要再写分号。如：

```
if(a>b)
  {x=a; y=b; }
else
  {x=b; y=a; }
```

5.2.2 条件选择结构程序设计举例

1. 比较简单的条件选择结构程序，if 语句中只有一个语句

【例 5.1】输入两个整数，输出其中的较大者。

```
#include <stdio.h>
main()
{
 int a,b,max;
 printf("输入两个整数：\n");
 printf("a=");
 scanf("%d",&a);
 printf("b=");
 scanf("%d",&b);
 if (a>=b) max=a;
 else max=b;
 printf("较大者为：%d",max);
}
```

运行结果：

```
输入两个整数：
a=56↙
b=120↙
较大者为：120
```

在该例中，当程序运行时，输入 56 给变量 a，输入 120 给变量 b，关系表达式 a>=b 不成立，其值为 0，故执行 else 后的语句 max=b，最后输出 max 的值 120。

2. if 语句中带有复合语句的程序

在 C 语言中，凡是能用简单语句的地方都可以使用复合语句。因此，if 语句中的语句 1 和语句 2 都可以是复合语句，请看下面的程序示例。

【例 5.2】编写程序比较 a、b 两个数的大小，并且把大数赋给变量 x，把小数赋给变量 y。

```
#include <stdio.h>
main()
{
 nt  a, b, x, y;
 a=3;  b=4;
 if(a>b)
 {x=a; y=b; }
```

```
else
{x=b; y=a; }
printf("x=%d  y=%d", x, y);
}
```

运行结果：

```
x=4  y=3
```

3. 多分支条件选择结构语句程序

【例 5.3】编写一个程序，根据学生的成绩来划分优、良、及格和不及格等级。优、良、及格、不及格分别用 A、B、C、D 来表示，并且按如下规定划分：

分数	等级
100～90	A
89～75	B
74～60	C
59～0	D

在下面的程序中，用变量 score 存放学生的成绩，用变量 snum 存放学号。程序如下：

```
#include <stdio.h>
main()
{
 int  score, snum;
 char  grade;
 printf("输入学生的学号和成绩(以逗号间隔)：");
 scanf("%d,%d", &snum, &score);
 if (score>=90)
   grade='A';
 else if (score>=75)
   grade='B';
 else if (score>=60)
   grade='C';
 else
   grade='D';
printf("%d 号同学的成绩等级为：%c\n", snum, grade);
}
```

运行结果：

```
输入学生的学号和成绩(以逗号间隔)：5, 83↙
5 号同学的成绩等级为：B
```

4. 带有嵌套 if 语句的程序

说明：

（1）嵌套 if 语句是指在 if 语句中又包含一个或多个 if 语句。其一般形式为：

```
if(   )
   if(   )        语句 1 ┐
   else           语句 2 ┘ 内嵌if语句
else
   if(   )        语句 3 ┐
   else           语句 4 ┘ 内嵌if语句
```

（2）注意 if 与 else 的配对关系，else 总是与它上面最近的 if 配对。假如写成：

```
if(  )
      if(   )   语句 1 ┐
clsc                   │ 内嵌 if 语句
      if(   )   语句 2 │
      else      语句 3 ┘
```

上面的语句把第一个 else 写在第一个 if（外层 if）的同一列上，希望它与第一个 if 配对，但实际上它与第二个 if 配对，因为它们距离最近。因此，最好使内嵌 if 语句也包含 else 部分，这样 if 的数目和 else 数目相同，从内层到外层一一对应，不易出错。

（3）若 if 与 else 的数目不一样，有时为了编程的需要，可以加大括号确定配对关系。例如：

```
if(  )
      if(  ) 语句1  }        （内嵌if语句）
else
  语句2
```

这时大括号{}限定了内嵌 if 语句的范围，else 与第一个 if 配对。程序示例如下。

【例 5.4】编写一个程序，求三个整数中的最大值。

```
#include <stdio.h>
main()
{
int a, b, c, max;
printf("输入三个整数(以空格间隔)：");
 scanf("%d%d%d",&a, &b, &c);
 if (a>b)
 {  if (a>c)   max=a;
    else max=c;
 }
 else
 {  if (b>c)   max=b;
    else   max=c;
 }
 printf("最大值为：%d", max);
}
```

5.3 switch 语句

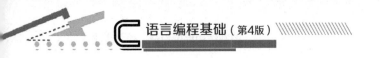

switch 语句是多分支选择结构语句，也叫开关语句。在 5.2 节中介绍了使用嵌套的 if 结构来解决多路选择的问题，我们还可以利用本节将要介绍的开关语句来解决多路选择的问题。

5.3.1 switch 语句的形式

switch 语句的一般形式如下：

```
switch(表达式)
{
 case  常量表达式1：语句1
 case  常量表达式2：语句2
        ……
 case  常量表达式n：语句n
 default            ：语句n+1
}
```

例如，根据考试成绩的等级输出百分制分数段（参考【例 5.3】），可以写出下面的程序段：

```
switch(grade)
{
  case  'A':    printf("90~100\n");
  case  'B':    printf("75~89 \n");
  case  'C':    printf("60~74 \n");
  case  'D':    printf("0 ~59 \n");
  default  :    printf("error \n");
}
```

说明：

（1）switch 后面的表达式可以是不同类型的表达式，但最常用的是整型表达式或字符型表达式。

（2）执行 switch 语句时，首先计算表达式的值，然后将该值依次与各个 case 常量表达式比较，一旦发现与某个常量表达式的值相等，就执行该常量表达式后面的语句。若无相等的情况，则执行 default 后面的语句。

（3）在 case 后面若有一个以上的执行语句，可以用大括号将它们括起来，也可以不加大括号，效果是一样的。

（4）每个 case 常量表达式的值不能相同。

（5）switch 语句体中可以不包含 default 分支，只有在找不到匹配的值时，才执行 default 后面的语句，但 default 的位置并不限定在最后。

（6）执行完一个 case 后面的语句，程序继续执行下一个 case 后面的语句。case 常量表达式只是起语句标号的作用，并不在该处进行条件判断。在执行 switch 语句时，根据 switch 后面的表达式的值找到匹配的入口标号，之后从此标号执行下去，不再进行判断。

例如，在上面程序段中，若变量 grade 的值等于'A'，则将连续输出：

```
90～100
75～89
60～74
0～59
Error
```

因此，若希望在某一点终止执行 switch 语句，应使用 break 语句（break 语句的介绍见 5.5 节）使流程跳出 switch 结构。

例如，上例程序段可以被改写为：

```
switch(grade)
{
 case  'A': printf("90~100\n"); break;
 case  'B': printf("75~89\n"); break;
 case  'C': printf("60~74\n"); break;
 case  'D': printf(" 0~59\n"); break;
 default  : printf("error\n");
}
```

如果变量 grade 的值为 84，则只输出“75~89”。程序流程图如图 5-3 所示。

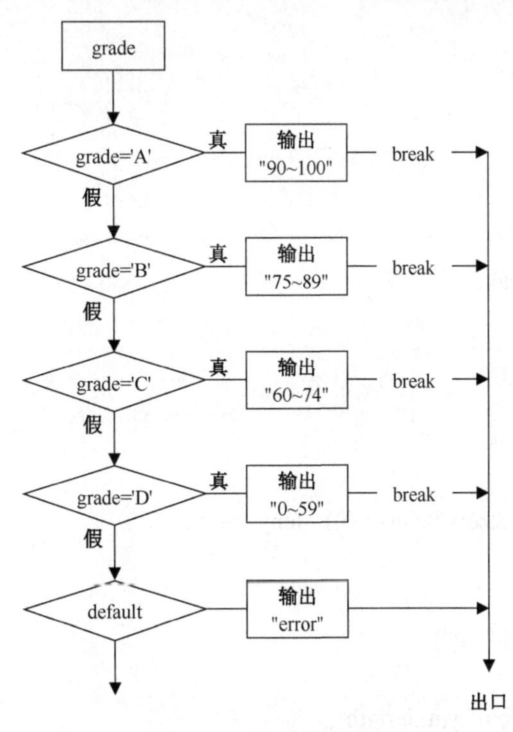

图 5-3　程序流程图

（7）多个 case 可以公用一组执行语句，如：

```
  ……
case  'A':
case  'B':
```

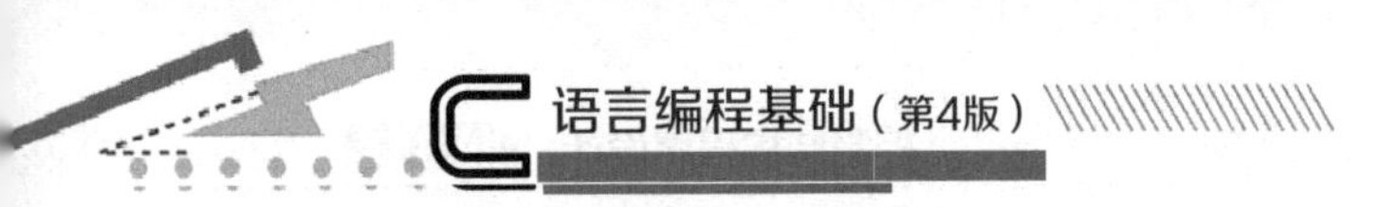


```
case  'C': printf("60~74\n"); break;
  ......
```

当变量 grade 的值为'A'、'B'或'C'时，都执行同一组语句。

5.3.2 switch 语句应用举例

多路选择的程序可以通过 if 语句的第三种形式实现，但随着判断条件的增多，程序会变得复杂，可读性也变差。使用 switch 语句设计多路选择程序，不但方便，而且可读性也好。

【例 5.5】编写一个程序，输出某年某月的天数。

我们知道，一年中各个月的天数不尽相同，特别是 2 月还与该年是否为闰年有关。这里我们使用 switch 语句来实现程序。

```
#include <stdio.h>
main( )
{
 int  y, m, length;
 printf("输入年：");
 scanf("%d", &y);
 printf("输入月：");
 scanf("%d",&m);
 switch(m)
 {
  case  1 :
  case  3 :
  case  5 :
  case  7 :
  case  8 :
  case  10 :
  case  12 :  length=31; break;
  case  4 :
  case  6 :
  case  9 :
  case  11 :  length=30; break;
  case  2 :
    if ((y%4!=0)||(y%100==0&&y%400!=0))  length=28;
    else  length=29;
    break;
  default :  printf("输入出错！\n");
 }
 printf("%d 年%d 月有%d 天\n",y,m,length);
}
```

【例 5.6】要求程序运行时在屏幕上显示下面的菜单：

```
1. 加法练习
2. 减法练习
3. 乘法练习
```

4. 除法练习
5. 退　　出

如果按“1”键，则显示一道加法练习题，并判断输入的运算结果是否正确；如果按“2”键，则显示一道减法练习题；依次类推。按“5”键时，结束程序的运行。

菜单是一种典型的多分支选择应用，因此，可以使用 switch 语句来实现该程序。

```
#include  <stdio.h>
#include  <conio.h>
main()
{
 char choice;
 int num;
 printf("\n\n\n");                    /*在菜单上面显示三行空行*/
 printf("\t\t1. 加法练习\n");        /*显示菜单*/
 printf("\t\t2. 减法练习\n");
 printf("\t\t3. 乘法练习\n");
 printf("\t\t4. 除法练习\n");
 printf("\t\t5. 退    出\n");
 printf("\n请选择(12345)");
 choice=getch();             /*输入选择项*/
 switch(choice)
  {
   case'1':printf("\n\n10+27=");
           scanf("%d",&num);
           if(num==10+27) puts("正确!");
           else puts("错误!");
           break;
   case'2':printf("\n\n63-20=");
           scanf("%d",&num);
           if(num==63-20) puts("正确!");
           else puts("错误!");
           break;
   case'3':printf("\n\n2*16=");
           scanf("%d",&num);
           if(num==2*16) puts("正确!");
           else puts("错误!");
           break;
   case'4':printf("\n\n36/12=");
           scanf("%d",&num);
           if(num==36/12) puts("正确!");
           else puts("错误!");
           break;
   case'5':break;
   default:printf("选择出错! ");
  }
}
```

5.4 循环语句

循环语句是编程语言中应用最普遍也是最重要的语句。C 语言提供了三种循环语句，它们可以构成循环控制结构，用来完成在满足一定的条件下需要重复操作的任务。C 语言的循环语句和其他高级语言的循环语句有很多相似之处，并且在书写方面显示出简洁和多变的特点。在进行循环结构程序设计时，要注意它的灵活性。

5.4.1 for 语句

1. 一般形式

for 语句的一般形式为：

for(表达式 1；表达式 2；表达式 3)　语句

其中，三个表达式要用分号隔开，语句是循环体，可以是复合语句。它的执行过程如下。

先求表达式 1 的值，再求表达式 2 的值，如果不为 0（为真），则执行后面的语句；然后求表达式 3 的值，接着返回来判断表达式 2 的值，如果不为 0，则再次执行后面的语句。这样一直重复执行到表达式 2 的值为 0，不再重复操作，而去执行 for 下面的语句。因此，若第 1 次求表达式 2 的值就是 0，则 for 语句只执行到求表达式 1 的值就停止了。for 语句执行流程图和 N-S 图如图 5-4 所示。

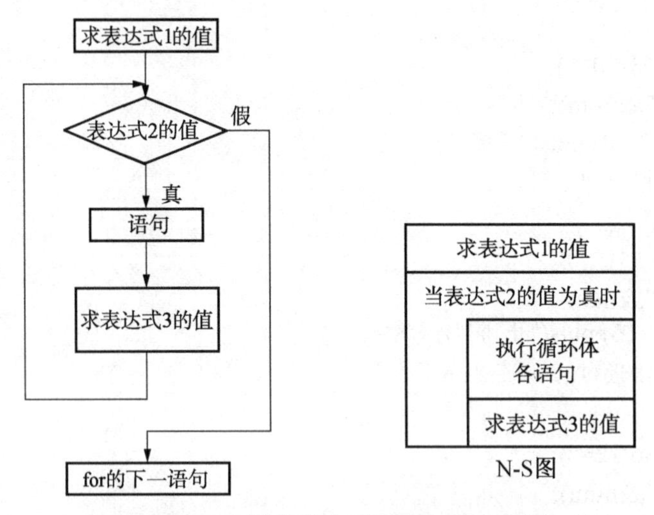

图 5-4　for语句执行流程图和 N-S 图

说明：

（1）表达式 2 是循环的控制语句，一般含有循环控制变量，而表达式 3 通常用来改变循环控制变量的值。例如：

```
for(m=1; m<=50; m++)  s=s+m;
```

其中，m 是循环变量，当 m 小于或等于 50 时，执行循环体语句“s=s+m”，每执行完一次循环体，就接着执行表达式 3“m++”，即 m 自增 1，直到 m 大于 50 时结束循环。

（2）表达式 1 可以为循环变量赋初值，也可以与循环变量无关。如：

```
for(s=0; m<=50; m++)  s=s+m;
```

（3）表达式 1、表达式 3 可以是一个简单表达式，也可以是用逗号间隔的多个简单表达式，即逗号表达式。如：

```
for(m=0,n=50; m<=n; m++, j--)  k=m+n;
```

逗号表达式按自左至右顺序求解，整个逗号表达式的值为其中最右边表达式的值。如：

```
for(m=1; m<=50; m++, m++)  s=s+m;
```

其中，表达式 3 的值，相当于 m=m+2。

（5）表达式 2 一般是关系表达式或逻辑表达式，也可以是数字表达式或字符表达式，只要其值为非零，就执行循环体。如：

```
for(m=0; (c=getchar())!='\n'; m+=c);
```

（6）下面给出 for 语句最易理解的形式供读者参考。

for（为循环变量赋初值；循环结束条件；循环变量增值)　语句

2. 表达式中的特殊情况

（1）for 语句一般形式中的“表达式 1”可以省略，此时应在 for 语句前给循环变量赋初值，其后的分号不能省略。如：

```
int s=0,m=0;
  …
for(; m<=50; m++)  s=s+m;
```

（2）如果省略表达式 2，则不判断循环条件，循环会无限制地进行下去。此时表达式 2 的值始终为真（见图 5-5）。如：

```
for(m=1;    ; m++)  s=s+m;
```

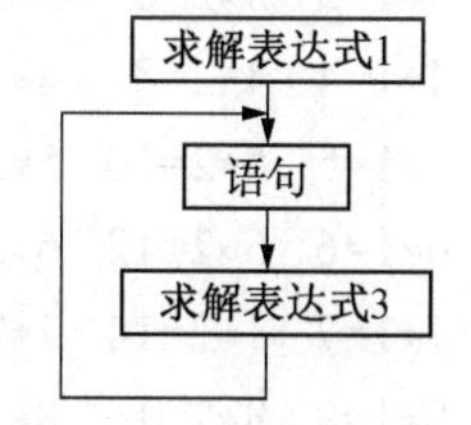

图 5-5　无限制地循环

（3）若省略了表达式 3，则循环就无法结束，应设法保证循环能正常结束。如：

```
for(s=o,m=1; m<=50)
    {s=s+m; m++; }
```

（4）表达式 1 和表达式 3 可以同时省略。如：

```
for(; m<=50; )
  {s=s+m;    m++; }
```

（5）三个表达式都可以省略。如：

```
for(;;  ) 语句
```

既不设初值和判断条件，循环变量也不增值，此时认为表达式 2 的值为真，循环将无休止地执行下去。

3. 多重循环

在一个循环体内包含另一个循环体，称为循环嵌套。循环嵌套还可以再嵌套循环，这就是多重循环。例如：

```
for(i=1; i<=9;i++)
  for(j=1;j<=i;j++)
   printf("%d   ",i*j);
```

这是用 for 语句构成的双重循环，用它可以输出九九乘法表，如【例 5.7】所示。后面还会讲到 while 循环和 do-while 循环，这三种循环既可以自身构成嵌套，也可以互相嵌套。

【例 5.7】输出九九乘法表程序。

该乘法表要列出 1×1，2×1，2×2，3×1，3×2，3×3，……，9×9 的值。外层循环控制乘数，使 i=1～9，输出 9 行；内层循环控制被乘数，使 j=1～i，每行输出 j 列。

```
#include  <stdio.h>
main()
{
  int i,j;
  for(i=1; i<=9;i++)
    for(j=1;j<=i;j++)
    { printf("%d*%d=%d   ", i, j, i*j);
      if(j==i) printf("\n"); }    /* 每行输出完最后一列后要换行*/
}
```

运行结果：

```
1*1=1
2*1=2  2*2=4
3*1=3  3*2=6   3*3=9
4*1=4  4*2=8   4*3=12  4*4=16
5*1=5  5*2=10  5*3=15  5*4=20  5*5=25
6*1=6  6*2=12  6*3=18  6*4=24  6*5=30  6*6=36
7*1=7  7*2=14  7*3=21  7*4=28  7*5=35  7*6=42  7*7=49
8*1=8  8*2=16  8*3=24  8*4=32  8*5=40  8*6=48  8*7=56  8*8=64
9*1=9  9*2=18  9*3=27  9*4=36  9*5=45  9*6=54  9*7=63  9*8=72  9*9=81
```

4. for 循环程序设计举例

【例 5.8】使用循环分行输出 count=10、count=20、count=30。

```
#include  <stdio.h>
main( )
{
 int  count;
 for(count=1； count<=3； count++)
   printf("count=%d\n"， count*10);
}
```

此例中的循环控制条件是 count<=3，而循环体是单个语句 printf()函数调用。程序在执行时，循环变量 count 的初始值为 1，满足表达式 2 的循环控制条件，输出 count=10；之后执行表达式 3，使 count=2，再次判断是否满足表达式 2 的条件，由于 count 的值不断加 1，最终将不能满足循环控制条件 count<=3，从而使循环语句终止，整个程序到此也就结束了。循环控制条件不断变化这一点非常重要，否则会变成死循环。这个程序的运行结果为：

```
count=10
count=20
count=30
```

【例 5.9】使用近似公式 e≈1+1/1!+1/2!+…+1/*n*!求自然对数的底 e 的值，取 *n* 为 10(*n* 取值越大越接近 e 的真值)。使用一层循环实现的程序如下：

```
#include  <stdio.h>
main()
 {
   int   n;
   float   e, p;
   e=p=1.0;
   for(n=1; n<=10; n++)
   {
    p*=n;
    e=e+1.0/p;
   }
   printf("e=%10.7f\n", e);
 }
```

运行结果：

```
e=2.7182810
```

请读者课后使用两层循环实现该程序。

【例 5.10】求 3~100 的所有素数，按每行 4 列输出。

素数是指除能被 1 和自身整除外，不能被任何其他整数整除的自然数，如 3、5、7、11 等。验证一个自然数 *m* 是否为素数，有很多方法，最容易理解的方法是：将 *m* 除以 2～(*m*−1)的每一个自然数，如果都除不尽，则 *m* 是素数，只要有一个能除尽，*m* 就不是素数。

根据此算法思路，该程序应该用双重循环实现。外循环用来控制被验证的数为 3～100，内循环用来验证某个数 *m* 是否为素数，并按每行 4 列输出。

程序设计如下：

```
#include  <stdio.h>
main()
{
 int   i,m, k,j=0;
 for(m=3;m<=100;m++)             /*控制被验证的数为3~100*/
   {
```

```
    k=0;                              /*用k=0作为素数的标志*/
    for( i=2;i<=m-1;i++)              /*验证某个数m是否为素数*/
      if (m%i==0)
      {k=1;break;}                    /*用k=1标志某数不是素数*/
    if (k==0)
      { printf("%3d",m);
        j=j+1;
        if (j%4==0)                   /*用来控制每行输出4个素数*/
        printf("\n");
      }
  }
}
```

运行结果：

```
  3   5   7  11
 13  17  19  23
 29  31  37  41
 43  47  53  59
 61  67  71  73
 79  83  89  97
```

5.4.2 while 语句

While 语句可用来构建“当……”型循环结构。当循环判断条件为真时，就执行循环体内的语句。其一般形式及说明如下。

1. 一般形式

```
while(表达式) 语句
```

说明：

（1）其中的表达式是循环能否继续重复的判断条件。循环体（语句部分）可以是单一语句或复合语句。

（2）执行过程是，计算表达式，若其值非 0，则执行循环体并重新计算表达式。一直循环到表达式的值为 0。其流程图和 N-S 图如图 5-6 所示。

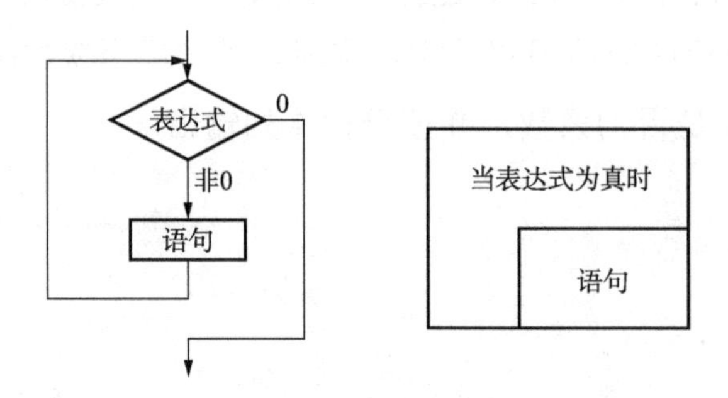

图 5-6 while语句流程图和 N-S 图

利用 while 循环可以将【例 5.8】改写为如下程序。

【例 5.11】"当……"型循环结构程序。

```
#include  <stdio.h>
main()
{
 int  count=1;
 while(count<=3)
   printf("count=%d\n", count++*10);
}
```

注 意

（1）若循环体是复合语句，则要用大括号括起来，否则 while 的作用范围只到其后的第一个分号处。

（2）在循环体中应有使循环趋向于结束的语句。

（3）while 语句和 for 语句相比，没有 for 语句功能强，for 语句不仅可以用于循环次数已确定的情况，而且可以用于循环次数不确定而只给出循环结束条件的情况，完全可以代替 while 语句。for 语句的一般形式可以改写为如下：

```
表达式 1;
while(表达式 2)
{
 语句
 表达式 3;
}
```

2. while 循环程序举例

【例 5.12】令 i 的初值为 0，测试 i 值是否小于 5；若条件为真，则显示 i 的值；之后 i 值递增 1，再进行测试，直到 i 小于 5 的条件不成立。显示：停止循环。程序如下：

```
#include  <stdio.h>
main( )
{
  int  i=0;
  while(i<5)
    printf("%d\n", i++);
  printf("停止循环。\n");
}
```

运行结果：

```
0
1
2
3
4
停止循环。
```

【例 5.13】华氏温度 F 与摄氏温度 C 的关系是：C=5/9*(F−32)。如果已知 F 为−10，20，50，…，200，用 C 程序求出各华氏温度所对应的摄氏温度。程序如下：

```
#include  <stdio.h>
main()
{
 float   fa, ce;
 fa =-10;
 while(fa<=200)
   {
     ce=(5.0/9.0)*(fa-32.0);
     printf("%4.0f      %6.1f\n", fa, ce);
     fa=fa+30;
   }
}
```

运行结果：

```
-10        -23.4
20          -6.7
50          10.0
80          26.7
110         43.3
140         60.0
170         76.7
200         93.3
```

【例 5.14】从键盘依次输入学生的成绩，并进行计数、累加，当输入−1 时，停止输入。输出学生的数量、总成绩和平均成绩。

这是一个“终止标志使用”的题，在实际工作中经常会遇到这样的问题。我们设-1 为输入学生成绩的结束标志，n 为学生的计数变量，t 为总成绩的累加变量，x 为每个学生成绩的暂存变量。程序如下：

```
#include  <stdio.h>
main()
{
  int   n=0;
  float t=0,x;
  scanf("%f",&x);
  while(x!=-1)
    {
      n+=1;
      t+=x;
      scanf("%f",&x);
    }
   printf("学生人数：%d  总成绩：%6.2f  平均成绩：%6.2f\n", n, t,  t/n);
}
```

当程序运行时，从键盘输入如下内容：

```
100 70 80 85 75 -1↙
```

运行结果：

```
学生人数：5 总成绩：410.00 平均成绩：82.00
```

5.4.3 do-while 语句

do-while 语句用来构建“直到”型循环结构。这种循环结构先执行循环体内的语句，直到循环条件为假，结束循环。

1. 一般形式

do-while 语句的一般形式如下：

```
do
  { 循环体语句 }
while (表达式);
```

其执行过程是，先执行循环体语句部分，之后判断表达式，当表达式的值为真时（非 0），返回重新执行循环体语句部分，如此反复，直到表达式的值为假（0 值），结束循环，执行循环体后面的语句。其流程图和 N-S 图如图 5-7 所示。

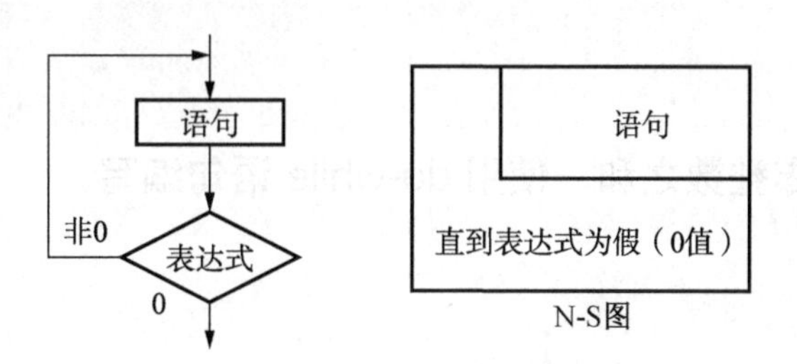

图 5-7 do-while 语句流程图和 N-S 图

若将【例 5.12】改为使用 do-while 语句来实现，程序如下。

【例 5.15】“直到型”的循环结构程序。

```
#include <stdio.h>
main( )
{
  int i=0;
  do
     {
        printf("%d\n", i++);
     }
 while(i<5);
  printf("停止循环\n");
}
```

2. do-while 语句与 while 语句比较

使用 while 语句和 do-while 语句编写的程序，所得结果有些是一样的，如【例 5.12】

和【例 5.15】就可分别用两种语句编写，其结果一样。有些则不相同，见下面的例题。

求两个非零整数之和，分别设计程序如下。

【例 5.16】求两个非零整数之和，使用 while 语句编写。

```
#include  <stdio.h>
main( )
{
   int  x， y， z;
   scanf("%d,%d"， &x， &y);
   while(x!=0&&y!=0)
     {
        z=x+y;
       printf("z=%d\n"， z);
       scanf("%d,%d"， &x， &y);
     }
}
```

运行结果：

```
4，5↙
z=9
2，3↙
z=5
0，0↙
```

【例 5.17】求两个非零整数之和，使用 do-while 语句编写。

```
#include  <stdio.h>
main()
{
 int  x, y, z;
  do
     {
     scanf("%d,%d", &x, &y);
     z=x+y;
     printf("z=%d\n", z);
    }
  while(x!=0&&y!=0);
}
```

运行结果：

```
4，5↙
z=9
2，3↙
z=5
0，0↙
z=0
```

由以上两个程序可以看出：

（1）do-while语句至少执行一次循环体，而while语句先判断循环条件的值，若为0，则跳出while循环，因此可能一次也不执行循环体。例如，在【例5.16】中，当x和y都为0时，不执行x+y和printf()两个语句就跳出循环，而在【例5.17】中则执行了上述两个语句才跳出循环，在屏幕上显示z=0后，才终止循环。

（2）两个语句中的循环体基本相同。

（3）这两种循环的循环变量的初始化一般都在循环体之前进行，但do-while语句有时也可以在循环体内进行初始化（如【例5.17】）。

请看下面两个例题。要求设计程序求100以内（含100）的偶数之和（循环变量的初始化在循环体之前进行）。

【例5.18】设计程序求100以内（含100）的偶数之和，使用while语句实现。

```
#include  <stdio.h>
main()
{
  int   x,sum;
  x=sum=0;      /*将循环控制变量x及存放和的变量sum初始化为0*/
  while(x<100)
   {
     x+=2;
     sum+=x;
   }
  printf("2+4+6+……+98+100=%d\n",sum);
}
```

【例5.19】设计程序求100以内（含100）的偶数之和，使用do-while语句实现。

```
#include  <stdio.h>
main()
{
  int   x,sum;
  x=sum=0;      /*将循环控制变量x及存放和的变量sum初始化为0*/
  do
  {
     x+=2;
     sum+=x;
   }
    while(x<100);
   printf("2+4+6+……+98+100=%d\n",sum);
}
```

注意

以上学习的三种基本循环结构，在一般情况下是可以互相替代的，但在使用它们时有一些差别，要注意区别。for语句循环功能强、使用灵活，应用最普遍。在解决具体问题时究竟使用哪种结构，要看使用者的习惯、风格和写出的程序的可读性、可维护性等。

5.5 break语句和continue语句

5.5.1 break语句

像在switch语句中那样，break语句提供了while、for、do-while语句的出口，即使用break语句可使程序从包含它的循环语句或开关语句中立即跳出。这种不在顶部（while和for循环）或底部（do-while 循环）且通过判断循环条件就能控制循环出口的方法是非常有用的。终止语句break的一般形式是：

```
break;
```

【例5.20】利用break语句跳出循环。

```
#include  <stdio.h>
main()
{
  int  i;
  for(i=1; i<=5; i++)
    if (i==3)  break;  /* 当i=3时跳出循环 */
  printf("循环结束时i的值为：%d\n", i);
}
```

运行结果：

```
循环结束时i的值为： 3
```

在本例中，虽然for语句规定i从1变化到5，但由于循环体中有“if() break;”语句，因此，实际上当循环到i=3时就跳出了循环。通常，break语句总是和if语句用在一起，用来判断在满足什么条件下才跳出循环。如果是多重循环，则程序只是跳出所在的循环体，其可能还在外层的循环体中。

5.5.2 continue语句

continue语句的一般形式是：

```
continue;
```

continue语句只能用在while、for或do-while的循环体中，不适用于switch语句。一般continue语句是跟条件语句一起使用的，在遇到continue语句时会跳过循环体中下面的语句而从下一次循环开始执行。

【例5.21】利用continue语句跳转。

```
#include  <stdio.h>
main()
{
  int  i;
```

```
    for(i=1;i<=5;i++)
    {
      if(i==3) continue;   /*当 i=3 时跳过下面的语句*/
      printf(" %d\n", i);
    }
}
```

运行结果：

```
1
2
4
5
```

请读者自己分析 break 语句与 continue 语句的类似之处和本质上的区别。

5.6 goto 语句

5.6.1 goto 语句的形式

goto 语句为无条件转移语句，它的一般形式为：

```
goto  语句标号;
……
语句标号：……;
……
```

语句标号可放在任何语句的开始处，语句标号的后面要加冒号。语句标号用标识符表示，它的命名规则与变量名相同，不能用整数作为标号，例如：

```
goto  abc_c;        /*是合法的*/
goto  52;           /*是非法的*/
```

结构化程序设计方法主张限制使用 goto 语句。如果过多地使用，会使得程序的执行情况变得错综复杂、可读性差。但也不是绝对禁止使用，一般来说，goto 语句有以下两种用途。

（1）与 if 语句一起构成循环结构。

（2）从循环体中跳到循环体外。但在 C 语言中，由于可以使用 break 语句和 continue 语句跳出本层循环和结束本次循环，因此，goto 语句的使用机会大大减少。另外，不能使用 goto 语句直接进入循环体。

在进行程序设计时，即使要使用 goto 语句，也要有控制地使用，尽可能少用。

5.6.2 goto 语句应用举例

【例 5.22】使用 goto 语句构成循环来求 1～100 的整数和。

```
#include  <stdio.h>
main()
{
```

```
    int i=1,sum=0;
    loop: sum=sum+i;
        i++;
        if(i<=100) goto loop;
        else
        printf("1+2+3+…+100=%d",sum);
}
```

运行结果：

```
1+2+3+…+100=5050
```

习题五

1. 单项选择题

（1）C 语言使用________表示逻辑值为“假”。

A. FALSE　　B. F　　C. 数值 0　　D. 非零值

（2）要求当 A 的值为奇数时，表达式的值为“真”；A 的值为偶数时，表达式的值为“假”。以下不满足要求的表达式是________。

A. A%2==1　　B. !(A%2==0)　　C. A%2　　D. !(A%2)

（3）在 if 语句的嵌套中，else 总是与________配对。

A. 它前面未配对的 if　　B. 它上面书写在同一列的 if

C. 它上面最近的 if　　D. 不确定

（4）下面对 for 循环概念描述正确的是________。

A. 只能用于循环次数已确定的情况　　B. 不能用 break 语句跳出循环体

C. 先执行循环语句，后判断条件表达式　　D. 循环体中可包含用{ }括起来的多条语句

2. 填空题

（1）switch 语句后面的表达式通常为______型或_______型，每个 case 的常量表达式的值_______。

（2）如果不考虑 goto 语句构成的循环结构，那么在 C 语言中可以构建循环的语句一共有____种，分别是____________________________。

（3）把下面的两个 if 分支语句合并成一个 if 分支语句，应该写成__________________。

```
if(x<y) n=1;
else m=2;
if(x>=y)  printf("m=%d\n",m);
else  printf("n=%d\n",n);
```

3. 指出以下程序的输出结果

```
#include <stdio.h>
```

```
main( )
{
 int  x, y, z;
  x=y=1;
  while(y<10)
    ++y;
  x+=y;
  printf("x=%d   y=%d\n", x, y);
  x=y=1;
  while(y<10)
    x+=++y;
  printf("x=%d   y=%d\n", x, y);
  y=2;
  while(y<10)
 {
  x=y++;   z=++y;
 }
  printf("x=%d   y=%d   z=%d\n", x, y, z);
  for(y=2;(x=y)<10;y++)
    printf("x=%d   y=%d\n", x, y);
  for(y=2;(x=y)<10; y++)
    printf("x=%d   y=%d\n", x, y);
  for(x=1,y=1000;y>2;x++,y/=10)
   printf("x=%d   y=%d\n", x, y);
}
```

4. 编写程序

（1）用两种循环语句编写以下各计算公式的程序。

① 计算球体体积 $V=4/3\pi R^3$

初值 R=1，终值 R=100，步长为 2。

② s=13+23+33+…+103

（2）某一次考试之后，需要找出其中的最高分和最低分。试为此编写一个程序。

（3）输出所有的“水仙花数”。“水仙花数”是指一个三位数，其各位数字的立方和等于该数本身。

上机实习指导

一、学习目标

本章重点介绍控制语句中的选择结构语句、循环语句及相关的辅助语句和表达式。这些控制语句是学习较复杂程序设计的基础，而相关的关系表达式和逻辑表达式又是学好选择结构和循环结构的基础。因此，本章的内容十分重要，所需学时和其他各章相比也是最多的。通过本章的学习，读者应掌握以下内容。

（1）熟练掌握关系运算符和逻辑运算符的用法，能准确判断关系表达式和逻辑表达式的值，并能自如应用于选择结构程序与循环程序中的条件判断。

（2）理解程序设计中的几种常用算法的基本思想。

（3）掌握控制结构程序的设计方法。

二、应注意的问题

1. 关于表达式的值

关系表达式和逻辑表达式的值只有两种：1 和 0，即表达式为真时其值为 1，表达式为假时其值为 0。而在判断真与假时，0 为假，非 0 为真。

要注意，在 C 语言中表示一个变量的值在某两个数之间时，和数学中的表达完全不同，不要用错。例如，要表示 x 的值在 3 和 10 之间，绝不能写成 3<x<10，而应写成 3<x && x<10。

2. 关于程序的书写格式

程序的书写格式的好坏，关系到程序的可读性和可维护性，而这也是结构化程序设计方法强调的要点之一。要使程序清晰易读，一个较好的做法是采用缩格书写形式（详见书中各例题），这样我们对结构、段落、嵌套能一目了然。对于初学者来说，无论是在纸上编写程序，还是在计算机上编写程序，都应注意程序的书写格式，以提高调试程序的效率。

3. 关于 switch 语句的适用范围

switch 语句能够方便地实现多分支选择结构，但是，使用 switch 语句只能判断一个表达式的值是否与一个常量相等，而不能判断大于、小于等复杂的关系。

上机实习一　关系表达式和逻辑表达式

一、目的要求

1. 掌握各种关系运算符和逻辑运算符的功能。
2. 能正确理解“真”“假”的概念，以及其在 C 语言中的表示形式。
3. 能够把一个命题写成符合 C 语言语法规则的关系表达式或逻辑表达式。

二、上机内容

1. 运行下列程序，分析并观察运行结果

（1）

```
#include <stdio.h>
main()
{
 int a,b,c;
 a=1;b=2;c=3;
 printf("a=%d,b=%d,c=%d\n",a,b,c);
 printf("a<b 的值为：%d\n",a<b);
 printf("a<=b 的值为：%d\n",a<=b);
 printf("a==c 的值为：%d\n",a==c);
 printf("a!=c 的值为：%d\n",a!=c);
 printf("c>b 的值为：%d\n",c>b);
}
```

（2）

```
#include <stdio.h>
main()
{
 int x=3,y=4,z=5,b;
 printf("x=%d,y=%d,z=%d\n",x,y,z);
 b=x<y&&x<z;          printf("x<y&&x<z 的值为：%d\n",b);
 b=x<y&&x>z;          printf("x<y&&x>z 的值为：%d\n",b);
 b=x<y||x>z;          printf("x<y||x>z 的值为：%d\n",b);
 b=!x;                printf("!x 的值为：%d\n",b);
 b=!(x>y);            printf("!(x>y 的值为：%d\n",b);
 b=(x>y||x>z)&&y<z;   printf("x>y||x>z)&&y<z 的值为：%d\n",b);
}
```

（3）

```
#include <stdio.h>
main()
{
 int x=20,y;
 y=2<x<10;
 printf("x=%d\n",x);
 printf("2<x<10 的值为：%d\n",y);
 y=2<x&&x<10;
 printf("2<x&&x<10 的值为：%d\n",y);
}
```

2. 完善程序

已知，闰年符合下面两个条件之一：

（1）年份能被 4 整除，但不能被 100 整除；

（2）年份能被 400 整除。

下面的程序用于验证 2000 年为闰年，请在横线处填写正确的运算符或表达式，使程序完整。程序的后面给出了运行结果。

提示：

可以通过求余运算判断能否整除。若 a%b 的值为 0，则表示 a 能被 b 整除。

```
#include <stdio.h>
main()
{
 int year=2000,b;
 b=(year%4==0___year%100___0)___(________________);
 printf("%d\n",b);
}
```

运行结果：

```
1
```

上机实习二　if 语句

一、目的要求

（1）进一步熟悉关系表达式和逻辑表达式。

（2）熟练掌握 if 语句的三种形式，能阅读、分析和设计条件选择结构程序。

二、上机内容

1. 运行下列程序，分析并观察运行结果

（1）

```
#include <stdio.h>
main()
{
 int number;
 printf("number=");
 scanf("%d",&number);
 if (number%10==0) printf("%d是10的倍数。",number);
}
```

说明：运行这个程序时，分别输入下面两个测试数据，注意观察运行结果。

测试数据一：

```
300 ↙
```

测试数据二：

```
27 ↙
```

（2）

```
#include <stdio.h>
main()
{
 int number;
 printf("number=");
 scanf("%d",&number);
 if (number%10==0) printf("%d是10的倍数。",number);
 else printf("%d不是10的倍数。",number);
}
```

说明：该程序的测试数据同程序（1），注意它的运行结果与程序（1）的运行结构有什么不同。

（3）

```
#include <stdio.h>
main()
{
 int number;
 printf("number=");
 scanf("%d",&number);
 if (number>0) printf("%d是正数。",number);
 else if (number==0) printf("%d是零。",number);
 else printf("%d是负数。",number);
}
```

2. 完善程序

请在横线处填写正确的表达式或语句，使程序完整。上机调试程序，使程序的运行结果与给出的结果一致。

```
#include <stdio.h>
main()
{
 int m,days;
 printf("输入月份："); scanf("%d",&m);
 if (____________________________)
     days=31;
 else if (m==4||m==6||m==9||m==11)
     _________;
 else days=29;
```

```
    printf("____________________",m,days);
}
```

运行结果一：

```
输入月份：1↙
1月份有31天。
```

运行结果二：

```
输入月份：9↙
9月份有30天。
```

运行结果三：

```
输入月份：2↙
2月份有29天。
```

上机实习三　switch 语句

一、目的要求

（1）掌握 switch 语句的功能、使用方法和执行过程。

（2）能用 switch 语句设计多分支选择结构程序。

二、上机内容

1. 运行下列程序，分析并观察运行结果

对于下面的程序，要求自行设计几组有代表性的输入数据，这些数据要能分别覆盖程序中的各个分支。

```
#include <stdio.h>
main()
{
 int n;
 scanf("%d",&n);
 switch(n)
   {
    case 1:puts("*");break;
    case 2:puts("**");break;
    case 3:puts("***");break;
   }
}
```

2. 完善程序

下面程序的功能是，输入一个百分制成绩，输出用 A、B、C、D、E 表示的成绩等级。已知 90 分以上为 A，80 至 89 分为 B，70 至 79 分为 C，60 至 69 分为 D，60 分以下为 E。

在横线处填写正确的语句或表达式，使程序完整，并调试程序，使程序的运行结果与给出的结果一致。

```
#include <stdio.h>
main ()
{
  int grade;
  printf("输入成绩：");
  scanf("%d",&grade);
  grade=grade/10;
  switch(________)
   {
    case 10:
    case 9:printf(____________);break;
    case 8:printf("等级为B");_______;
    case 7:_________________;________;
    case 6:_________________;________;
    default:________________;_______;
   }
}
```

运行结果一：

```
输入成绩：98↙
等级为A
```

运行结果二：

```
输入成绩：100↙
等级为A
```

运行结果三：

```
输入成绩：80↙
等级为B
```

运行结果四：

```
输入成绩：65↙
等级为D
```

运行结果五：

```
输入成绩：51↙
等级为E
```

3. 编写程序

编写一个程序，要求实现下面的功能：

输入一个实数后，屏幕上显示如下菜单：

```
1. 输出相反数
2. 输出平方数
3. 输出平方根
4. 退    出
```

若按1键，则输出该数的相反数；若按2键，则输出该数的平方数；若按3键，则输出该数的平方根；若按4键，则退出程序。按1～4之外的其他键时，显示出错。

提示：

为了输出界面整洁美观，可在程序中的输入、输出语句之前，加入一个清屏幕的函数调用，该函数为system("cls")，其相关头文件为stdlib.h。

求一个数的平方根的标准函数为 sqrt(x)。常用数学标准函数在使用时要加上头文件math.h。

上机实习四　for语句

一、目的要求

（1）掌握for语句的功能、使用方法和执行过程。

（2）for 语句主要用于已知循环次数的循环结构，初步掌握使用 for 语句设计循环程序的方法。

二、上机内容

1. 运行程序，分析并观察运行结果

（1）

```
#include <stdio.h>
main()
{
  int i;
  for(i=1;i<=20;i++)
     if (i%4==0) printf("%d   ",i);
}
```

（2）

```
#include <stdio.h>
main()
{
  int i,j;
  for(i=1;i<=4;i++)
     {
      for(j=1;j<=i;j++)
       printf("*");
      printf("\n");
```

```
    }
}
```

说明：将 for(i=1;i<=4;i++)改成 for(i=1;i<=10;i++)后，再运行程序，注意观察运行结果。

2. 完善程序

下面程序的功能是输出如下图形。请在横线处填写正确语句或表达式，使程序完整，并上机调试程序，使程序的运行结果与给出的结果一致。

```
      *
     * *
    * * *
   * * * *

#include <stdio.h>
main()
{
 int i,j;
 for(i=0;i<=4; ++i)
   {
     for(j=0;j<________;j++)
       printf("  ");
     for(j=0;j<_________;j++)
       printf(" *");
       printf("\n");
   }
}
```

3. 编写程序

输入10个学生的成绩，要求统计及格人数和不及格人数。

上机实习五 while 语句和 do-while 语句

一、目的要求

（1）掌握 while 语句和 do-while 语句的功能、使用方法和执行过程。

（2）了解 while 语句与 do-while 语句的不同之处。

（3）while 语句和 do-while 语句主要用于已知循环条件的循环结构，初步掌握用其设计循环程序的方法。

二、上机内容

1. 运行下列程序，分析并观察运行结果

（1）

```
#include <stdio.h>
main()
{
  int i,sum;
   i=1;
  sum=0;
  while(i<=3)
  {
   sum+=i;
   i++;
  }
  printf("sum=%d",sum);
}
```

说明：将程序中的 i=1 改成 i=4 后，再运行程序，注意观察运行结果有什么变化。

（2）

```
#include <stdio.h>
main()
{
  int i,sum;
  i=1;
  sum=0;
  do
    {
      sum+=i;
       i++;
    }
  while(i<=3)
  printf("sum=%d",sum);
}
```

说明：将程序中的 i=1 改成 i=4 后，再运行程序，注意观察运行结果有什么变化。

2. 完善程序

下面程序的功能是，输入一组学生成绩，统计及格人数和不及格人数；当输入成绩为-1时，结束输入。根据程序的功能，在横线处填写正确语句或表达式，使程序完整。上机调试程序，使程序的运行结果与给出的结果一致。

```
#include <stdio.h>
main()
{
 int grade,n1,n2    /*变量 n1 用于存放及格人数的值，变量 n2 用于存放不及格人数的值*/
 n1=n2=____;
 printf("输入一组学生成绩：\n");
```

```
______________________________;
while(________________)
  {
   if (grade>=60) n1++;
   else ________;
   scanf("%d",&grade);
  }
printf("及格人数为：%d\n 不及格人数为：%d",n1,n2);
}
```

运行结果：

```
输入一组学生成绩：
80 ↙
74 ↙
51 ↙
96 ↙
48 ↙
-1 ↙
及格人数为：3
不及格人数为：2
```

3. 编写程序并上机调试

输出 10 行杨辉三角。

```
1
1 1
1 2 1
1 3 3 1
1 4 6 4 1
1 5 10 10 5 1
…
```

请想好算法及实现的步骤，最好先在纸上写好程序，再上机调试。

第 6 章

数　组

几乎每一种高级语言都提供了数组这种数据类型，在数组中可以有序地存放一组相关的且类型相同的数据。在程序设计中，当处理大量、相关且有序的数据时，使用数组会在定义、管理和操作方面带来极大的方便。

【本章要点】

（1）数值型数组的定义和引用。

（2）字符型数组的定义和引用。

（3）字符串的处理。

【学习目标】

（1）了解数组的概念，掌握数组的定义方法。

（2）掌握数组初始化的方法，能正确地引用数组。

（3）了解字符数组与字符串的区别和联系，能够运用字符数组存储和处理字符串。

（4）在实际编程中能够灵活地运用数组来解决问题。

【课时建议】

讲授 6 课时，上机 4 课时（利用机动课时）。

6.1　一维数组的定义和引用

6.1.1　一维数组的定义

数组是有序的且具有相同类型的数据的集合。例如，一组学生的成绩、一串文字等都可以用数组来表示。同一个数组中的各个元素具有相同的数组名和不同的下标。

1. 一维数组的一般形式

与使用简单变量一样，在使用数组之前必须先定义数组。定义一维数组的一般形式为：

```
类型说明符　数组名[常量表达式];
```

例如：

```
int num[10];
```

该语句定义了一个名为 num 的整型数组，数组中共有 10 个元素。

说明：

（1）类型说明符定义了数组的类型。数组的类型是该数组中各个元素的类型。在同一个数组中，各个数组元素都具有相同的类型。

（2）数组名的命名规则与变量名的命名规则相同，即遵循标识符的命名规则。

（3）数组名后面用方括号括起来的常量表达式，表示数组中元素的个数，即数组的长度。需要注意的是，常量表达式中可以包含常量或符号常量，但不能包含变量，也就是说，C 语言不允许动态定义数组的大小。

例如，下面这种定义数组的方法是非法的：

```
int n;
scanf ("%d",&n) ;
int a[n] ;
```

（4）如果数组的长度为 *n*，则数组中第一个元素的下标为 0，最后一个元素的下标为 *n*−1。

例如，若定义了下面的数组：

```
int num[10];
```

则 num 数组中的 10 个元素，分别为 num[0]、num[1]、num[2]、…、num[9]。

2. 一维数组在计算机中的存储顺序

数组是一组有序的数据，其有序表现在同一个数组中的各个元素在内存中的存放顺序上。C 语言编译程序分配一片连续的存储单元来存放数组中各个元素的值。

例如：

```
int num[10];
```

num 数组中的各个元素在计算机内的存储顺序如图 6-1 所示。

存储区
num[0]
num[1]
num[2]
⋮
num[9]

图 6-1　num 数组中的各个元素在计算机内的存储顺序

可以看出，下标相邻的数组元素，在计算机中占有相邻的存储单元。

6.1.2 一维数组的引用

在 C 语言中，当使用数值型数组时，只能逐个引用数组元素，而不能一次引用整个数组。数组元素的引用是通过下标来实现的。

一维数组中数组元素的表示形式为：

```
数组名[下标]
```

说明：

（1）当引用数组元素时，下标可以是任何整型常量、整型变量或任何返回整型值的表达式。例如，num[5]、score[3*9]、a[n]（n 必须是一个整型变量，并且必须具有确定的值）、num[5]=score[0]+score[1]。

（2）如果一维数组的长度为 n，则引用该一维数组的元素时，下标的范围为 0～n−1。例如：

```
int num[10];
```

各个数组元素的顺序为：num[0]、num[1]、num[2]、num[3]、…、num[9]，不存在 num[10] 元素。

（3）对数组元素可以赋值，数组元素也可以参加各种运算，与简单变量的使用是一样的。

【例 6.1】一维数组的引用。

```
#include <stdio.h>
main()
{
 int i,a[5];
 for(i=0; i<=4; i++)
    a[i]=i;
 for(i=0; i<=4; i++)
    printf("a[%d]=%d\n",i,i);
}
```

运行结果：

```
a[0]=0
a[1]=1
a[2]=2
a[3]=3
a[4]=4
```

程序中的第一个 for 循环使 a[0]～a[4]的值分别为 0～4，第二个 for 循环顺序输出 a[0]～a[4]的值。

【例 6.2】输入 10 个学生的成绩，求这 10 个学生的总成绩和平均成绩。

```
#define N 10
#include <stdio.h>
main()
```

```
{
 int i,score[N];
 int sum;
 float average;
 printf("输入%d 个学生的成绩：\n",N);
 for(i=0; i<N; i++)
    scanf("%d",&score[i]);
 sum=0;
 for(i=0; i<N; i++)
    sum+=score[i];
 average=(float)sum/N;
 printf("总成绩为：%d\n", sum);
 printf("平均成绩为：%.2f", average);
}
```

运行结果：

```
输入10个学生的成绩：
87  85  90  93  76  64  83  91  78  94↙
总成绩为：841
平均成绩为：84.10
```

程序中使用了两个 for 循环，分别用于输入 10 个学生的成绩和计算 10 个学生的总成绩及平均成绩。这两个 for 循环也可以合并成一个循环，改进后的程序如下：

```
#define N 10
#include <stdio.h>
main()
{
 int i,score[N];
 int sum;
 float average;
 printf("输入%d 个学生的成绩：\n",N);
 for(i=0, sum=0; i<N; i++)
 {
    scanf("%d",&score[i]);
    sum+=score[i];
 }
 average=(float)sum/N;
 printf("总成绩为：%d\n", sum);
 printf("平均成绩为：%.2f", average);
}
```

【例 6.3】分别输入 5 个学生的语文成绩、数学成绩和 C 语言成绩，求每个学生的总成绩和平均成绩。

```
#define N 5
#include <stdio.h>
main()
{
 int score1[N],score2[N],score3[N],sum[N];    /* 数组score1、score2、score3分别存放三门课程的成绩，数组sum存放总成绩 */
 int i;
 for (i=0; i<N; i++)
 {
   printf("输入第%d个学生的三门成绩：\n",i+1);
   scanf("%d%d%d",&score1[i],&score2[i],&score3[i]);    /* 输入三门成绩 */
   sum[i]=score1[i]+score2[i]+score3[i];      /* 计算总成绩 */
 }
 for (i=0; i<N; i++)    /* 输出总成绩和平均成绩 */
 {
   printf("第%d个学生的总成绩和平均成绩分别为：%d，%.2f\n",i+1,sum[i],sum[i]/3.0);
 }
}
```

运行结果：

```
输入第1个学生的三门成绩：83   90   86 ↙
输入第2个学生的三门成绩：88   76   90 ↙
输入第3个学生的三门成绩：68   72   87 ↙
输入第4个学生的三门成绩：75   79   80 ↙
输入第5个学生的三门成绩：90   95   92 ↙
第1个学生的总成绩和平均成绩分别为：259，86.33
第2个学生的总成绩和平均成绩分别为：254，84.67
第3个学生的总成绩和平均成绩分别为：227，75.67
第4个学生的总成绩和平均成绩分别为：234，78.00
第5个学生的总成绩和平均成绩分别为：277，92.33
```

本例分别使用 3 个数组来存放每个学生的三门课程成绩，在 6.2.2 节中，将讲解如何使用一个二维数组来存放所有学生的全部成绩数据。

6.1.3 一维数组的初始化

为数组元素赋值的方法很多，例如，可以用赋值语句给数组元素赋值，也可以使用输入函数在程序运行时给数组元素赋值（如【例 6.2】和【例 6.3】）。除此之外，还可以在定义数组时为数组元素赋初值，即初始化数组。

（1）在定义一维数组时，数组元素的初值依次放在一对大括号内，每个值之间用逗号分隔，例如：

```
int a[10]={0,1,2,3,4,5,6,7,8,9};
```

经过数组初始化，数组元素 a[0]的值为 0，a[1]的值为 1，a[2]的值为 2，……，a[9]的值为 9。

（2）可以只给一部分数组元素赋初值，例如：

```
int a[10]={87,35,12,54,60,58};
```

这里，只给前面的 6 个数组元素（a[0]～a[5]）赋了初值，而后面 4 个没有被赋初值的数组元素（a[6]～a[9]）被自动初始化为 0。

（3）在为全部的数组元素赋初值时，可以不指定数组的长度，例如：

```
int a[10]={0,1,2,3,4,5,6,7,8,9};
```

可以写成：

```
int a[ ]={0,1,2,3,4,5,6,7,8,9};
```

这里，由于大括号中有 10 个值，因此系统自动定义数组 a 的长度为 10。如果希望数组的长度大于提供的初值的个数，那么在定义数组时，方括号内的长度值不能省略。

【例 6.4】逆序输出数组中各元素的值。

```
#include <stdio.h>
main()
{
 int a[5]={10,13,2,16,3};
 int i;
 printf("数组a中各元素的值分别为：");
 for(i=0;i<5;i++)
    printf("%5d",a[i]);
 printf("\n");
 printf("逆序输出的结果为：");
 for(i=4;i>=0;i--)
    printf("%5d",a[i]);
 printf("\n");
}
```

运行结果：

```
数组a中各元素的值分别为：10   13   2   16   3
逆序输出的结果为：3   16   2   13   10
```

6.1.4 一维数组应用举例

【例 6.5】输入一组整数，输出其中的最大值。

```
#include <stdio.h>
main()
{
 int num[10],i;
```

```
    int max;
    printf("输入10个整数：\n");
    for(i=0;i<10;i++)
        scanf("%d",&num[i]);
    max= num[0];
    for (i=1 ; i<10 ; i++)      /* 求最大值 */
        if (num[i]>max) max=num[i];
    printf("最大值 = %d\n",max);
}
```

运行结果：

```
输入10个整数：
18  32  56  -28  0  10  188  -51  23  1↙
最大值=188
```

在该程序中，使用数组num存放输入的10个整数，变量max存放这组数中的最大值。先使用num数组中的第一个元素（num[0]）的值来初始化max变量，再通过循环语句，依次把num[1]～num[9]的值与max的值相比较，如果数组元素的值比max的值大，则把该元素的值赋给max。使用类似的方法，还可以求一组数中的最小值。

【例6.6】使用选择排序算法对10个数排序（按从小到大的顺序）。

选择排序算法的排序过程是，使用数组存放要排序的一组数（假设有*n*个数），先从*n*个数中找出最小值，将它放在数组的第一个元素的位置上，再在剩下的*n*−1个数中找出最小值，放在第二个元素的位置上，这样不断重复下去，直到剩下最后一个数。

例如，存放在数组num中的原始数据为：

34	56	93	-8	0	120	88	-28	98	10

第一步，将num[0]的值依次与num[1]～num[9]（用num[j]表示）的值相比较，如果num[j]的值比num[0] 的值小，则交换num[0]与num[j]的值。第一轮交换的结果为：

-28	56	93	34	0	120	88	-8	98	10

显然，经过第一轮的比较，10个数中的最小值-28就被放在了第一个元素（num[0]）的位置上。

第二步，将num[1]的值依次与num[2]～num[9]（用num[j]表示）的值相比较，如果num[j]的值比num[1]的值小，则交换num[1]与num[j]的值。第二轮交换的结果为：

-28	-8	93	56	34	120	88	0	98	10

经过第二轮的比较，剩下9个数中的最小值-8被放在了第二个元素（num[1]）的位置上。

第三步，将num[2]的值依次与num[3]～num[9]（用num[j]表示）的值相比较，如果num[j]的值比num[2]的值小，则交换num[2]与num[j]的值。第三轮交换的结果为：

-28	-8	0	93	56	120	88	34	98	10

经过第三轮的比较，剩下 8 个数中的最小值 0 被放在了第三个元素（num[2]）的位置上。依次类推，得到排序结果。

可以看出，如果要排序的数据个数为 n，则应该比较 $n-1$ 轮。

程序如下：

```
#include <stdio.h>
main()
{
 int num[10],t;
 int i,j;
 printf("输入10个整数：\n");
 for (i=0 ; i<10 ; i++)
    scanf("%d",&num[i]);
 for (i=0 ; i<9 ; i++)
    for (j=i+1 ; j<10 ; j++)
       if (num[j]<num[i])
          {
            t=num[i];
            num[i]=num[j];
            num[j]=t;
          }
 printf("排序后的结果为：\n");
 for (i=0;i<10;i++)
    printf("%d   ",num[i]);
}
```

运行结果：

```
输入10个整数：
34  56  93  -8  0  120  88  -28  98  10↙
```

排序后的结果：

```
-28  -8  0  10  34  56  88  93  98  120
```

6.2 二维数组的定义和引用

6.2.1 二维数组的定义

1. 二维数组的一般形式

二维数组的一般形式为：

```
类型说明符 数组名[常量表达式1][常量表达式2]；
```

例如：

```
float a[5][10] ;
```

该语句定义了一个名为 a 的 5×10 的二维数组，数组的类型为浮点型，数组中共有 50 个元素。

说明：

（1）数组名后的常量表达式的个数称为数组的维数。每个常量表达式必须用方括号括起来，如下面是非法的定义：

```
float a[5,10] ;
```

（2）二维数组中元素的个数为：常量表达式 1×常量表达式 2。

（3）如果常量表达 1 的值为 n，常量表达式 2 的值为 m，则二维数组中第一个元素的下标为 [0][0]，最后一个元素的下标为[n−1][m−1]。

（4）一维数组通常用来表示一行或一列数据，而二维数组通常用来表示呈二维表排列的一组相关数据。例如，学生成绩数据表如表 6-1 所示。

表 6-1　学生成绩数据表

学生姓名	语文成绩	数学成绩	C 语言成绩
周宇航	81	76	90
冯天乐	94	90	85
张一凡	78	65	58
牟思娴	79	83	70

如果想使用一个数组存放各个学生各门课程的成绩，则可定义如下二维数组：

```
int score[4][3] ;
```

该数组中的各个元素分别为：

score[0][0]　　score[0][1]　　score[0][2]

score[1][0]　　score[1][1]　　score[1][2]

score[2][0]　　score[2][1]　　score[2][2]

score[3][0]　　score[3][1]　　score[3][2]

这里可以用数组元素 score[0][0]、score[0][1]、score[0][2]分别存放第一个学生的三门课程成绩，用数组元素 score[1][0]、score[1][1]、score[1][2]分别存放第二个学生的三门课程成绩，依次类推。

2. 二维数组在计算机中的存储顺序

二维数组中的各个元素在计算机中是按行的顺序存放的，即先存放第一行的元素，再存放第二行的元素，依次类推。

例如：

```
int score[4][3] ;
```

二维数组 score 中的各个元素在计算机内的存储顺序如图 6-2 所示。

存储区
score[0][0]
score[0][1]
score[0][2]
score[1][0]
score[1][1]
score[1][2]
⋮
score[3][0]
score[3][1]
score[3][2]

图 6-2　二维数组 score 中的各个元素在计算机内的存储顺序

可以看出，无论是一维数组，还是二维数组或多维数组，元素在内存中都是线性存储的。事实上，我们可以把二维数组看作一种特殊的一维数组，这个特殊的一维数组中的每个元素又是一个一维数组。

由于 C 语言是按行的顺序来存放二维数组或多维数组元素的，因此，第一维的下标变化最慢，而最后一维（最右边）的下标变化最快。理解这一点，有助于你更好地使用数组进行编程。

6.2.2　二维数组的引用

二维数组中数组元素的表示形式为：

```
数组名[下标1][下标2]
```

说明：

（1）与一维数组相同，二维数组元素的下标也可以是任何整型常量、整型变量或返回整型值的表达式。

（2）如果二维数组第一维的长度为 *n*，第二维的长度为 *m*，则引用该二维数组的元素时，第一个数组下标的范围为 0～*n*−1，第二个数组下标的范围为 0～*m*−1。例如：

```
int a[3][4];
```

则各个数组元素顺序为：

a[0][0]、a[0][1]、a[0][2]、a[0][3]、

a[1][0]、a[1][1]、a[1][2]、a[1][3]、

a[2][0]、a[2][1]、a[2][2]、a[2][3]。

【例 6.7】二维数组的引用。

```
#include <stdio.h>
main()
```

```
{
 int a[3][4];
 int i,j;
 printf("输入二维数组中各元素的值：\n");
 for(i=0;i<3;i++)             /* 变量i表示第一维数组下标的变化 */
   for(j=0;j<4;j++)           /* 变量j表示第二维数组下标的变化 */
       scanf("%d",&a[i][j]);
 for(i=0;i<3;i++)             /* 顺序输出二维数组中各个元素的值 */
 {
     for(j=0;j<4;j++)
       printf("%5d",a[i][j]);
     printf("\n");
 }
}
```

运行结果：

```
输入二维数组中各元素的值:
67  86  58  65  89  98  72  75  80  89  50  72↙
67  86  58  65
89  98  72  75
80  89  50  72
```

6.2.3 二维数组的初始化

可以使用下面的方法来初始化二维数组。

（1）分行给二维数组赋初值。例如：

```
int b[3][4]={{1,2,3,4},{5,6,7,8},{9,10,11,12}};
```

将第一对大括号内的数值赋给数组 b 第一行的元素，第二对大括号内的数值赋给数组 b 第二行的元素，依次类推。

（2）把所有的数据都写在一对大括号内。例如：

```
int b[3][4]={1,2,3,4,5,6,7,8,9,10,11,12};
```

这种初始化二维数组的方法不如第一种方法直观。

（3）只为二维数组的部分元素赋初值。例如：

```
int b[3][4]={{1},{2},{3}};
```

这时，b[0][0]的值为 1，b[1][0]的值为 2，b[2][0]的值为 3。

```
int b[3][4]={{1},{2,3}};
```

这时，b[0][0]的值为 1，b[1][0]的值为 2，b[1][1]的值为 3。

（4）如果为二维数组的全部元素赋初值，则在定义二维数组时，第一维的长度可以省略，但第二维的长度不能省略。例如：

```
int b[3][4]={{1,2,3,4},{5,6,7,8},{9,10,11,12}};
```

可以写成：

```
int b[ ][4]={{1,2,3,4},{5,6,7,8},{9,10,11,12}};
```

【例 6.8】将表 6-2 中的学生成绩赋给数组 score，并依次显示每个学生每门课程的成绩。

表 6-2 学生成绩表

学生姓名	语文成绩	数学成绩	C 语言成绩
周宇航	81	76	90
冯天乐	94	90	85
张一凡	78	65	58
牟思娴	79	83	70

程序如下：

```
#include <stdio.h>
main()
{
 int score[4][3]={{81,76,90},{94,90,85},{78,65,58},{79,83,70}};
 int i,j;
 printf("%12s%12s%12s\n","语文成绩","数学成绩","C语言成绩");
 for(i=0;i<4;i++)
 {
     for(j=0;j<3;j++)
       printf("%12d",score[i][j]);
     printf("\n");
  }
}
```

运行结果：

```
语文成绩      数学成绩      C语言成绩
   81          76          90
   94          90          85
   78          65          58
   79          83          70
```

6.2.4 二维数组应用举例

【例 6.9】分别输入 4 个学生的语文成绩、数学成绩和 C 语言成绩，编程求每个学生的总成绩和平均成绩。

在【例 6.3】中，分别使用 3 个数组来存放每个学生的三门课程成绩，而在本例中，我们将使用一个二维数组来存放所有学生的全部成绩，这样可以精简程序代码。

程序如下：

```
#define N 4
#include <stdio.h>
main()
{
```

```
    int score[N][3],sum[N];  /* 使用数组score存放学生成绩，使用数组sum存放学生的总成绩 */
    int i,j;
    for (i=0;i<N;i++)
    {
      sum[i]=0;
      printf("输入第%d个学生的三门成绩：",i+1);
      for (j=0;j<3;j++)
      {
          scanf("%d",&score[i][j]);
          sum[i]=sum[i]+score[i][j];
      }
    }
    for (i=0;i<N;i++)
     {
      printf("第%d个学生的总成绩和平均成绩分别为：%d，%.2f\n",i+1,sum[i],sum[i]/3.0);
     }
}
```

运行结果：

```
输入第1个学生的三门成绩：72  75  80↙
输入第2个学生的三门成绩：81  76  88↙
输入第3个学生的三门成绩：94  86  85↙
输入第4个学生的三门成绩：60  73  78↙
第1个学生的总成绩和平均成绩分别为：227，75.67
第2个学生的总成绩和平均成绩分别为：245，81.67
第3个学生的总成绩和平均成绩分别为：265，88.33
第4个学生的总成绩和平均成绩分别为：211，70.33
```

6.3 字符数组

存放数值型数据的数组称为数值型数组，如整型数组、单精度型数组等。而字符数组则是指专门用来存放字符型数据的数组，其中的每个元素存放一个字符。字符数组既具有普通数组的一般性质，又具有某些特殊性质。

6.3.1 字符数组的定义和初始化

1. 字符数组的定义

定义字符数组的方法与前面介绍的定义数值型数组的方法类似，例如：

```
char ch[10];
```

上面的语句定义了一个名为 ch 的字符数组，数组的长度为 10。注意，字符数组中的每个元素只能存放一个字符，例如：

```
ch[0] = 'h';
ch[1] = 'a';
ch[2] = 'p';
```

2. 字符数组的初始化

（1）使用单个的字符型常量对字符数组进行初始化。例如：

```
char ch[ ] = {'h' , 'a' , 'p' , 'p' , 'y'};
```

由于大括号中有 5 个字符型常量，因此系统确定字符数组 ch 的长度为 5。初始化后，ch 数组中 ch[0]元素的值为'h'，ch[1]的值为'a'，……，ch[4]的值为'y'。

（2）使用字符串常量对字符数组进行初始化。例如：

```
char ch[ ] = "happy" ;
```

虽然字符串 "happy" 中只包含 5 个字符，但系统会确定字符数组 ch 的长度为 6。这是因为在编译过程中，系统会自动在每个字符串的末尾加上一个空字符'\0'，作为字符串的结束标志。初始化之后，ch 数组的前 5 个元素的值分别为'h'、'a' 、'p'、'p'、'y'，ch[5]元素的值为'\0'。

6.3.2 字符数组的引用

与数值型数组相同，字符数组的引用也可以通过对数组元素的引用来实现。

【例 6.10】字符数组的引用。

```
#include <stdio.h>
main()
{
 char ch[ ] = {'I' , ' ' , 'a' , 'm' , ' ' , 'a' , ' ' , 's' , 't' , 'u' , 'd' , 'e' , 'n' , 't'};
 int i;
 for(i = 0 ; i<14 ; i++)
    printf("%c",ch[i]);
}
```

运行结果：

```
I am a student
```

【例 6.11】输出一个三角形。

```
#include <stdio.h>
main()
{
 char graph[4][7]={{' ',' ',' ','*'},{' ',' ','*','*','*'},{' ','*','*','*','*','*'},{'*','*','*','*','*','*','*'}};
 int i,j;
 for (i=0;i<4;i++)
 {
   for (j=0;j<7;j++)
     printf("%c",graph[i][j]);
```

```
    printf("\n");
  }
}
```

运行结果：

```
   *
  ***
 *****
*******
```

6.3.3　字符串与字符数组

在C语言中，字符数组一个最重要的作用就是处理字符串。C语言中有字符串常量，却没有字符串变量，字符串的输入、存储、处理和输出等操作，都必须通过字符数组来实现。

【例6.12】输出一个字符串。

```
#include <stdio.h>
main()
{
 char ch[]="I am a student";
 printf("%s",ch);
}
```

运行结果：

```
I am a student
```

注意下面的语句：

```
printf("%s",ch);
```

"%s"表示以字符串的形式输出数据。这里在引用字符数组ch时，只给出了数组名，而没有使用下标，这是因为在C语言中可以使用数组名来代表数组的首地址，即数组中第一个元素的存储地址。当以字符串的形式输出字符数组ch中的内容时，系统会根据ch数组的首地址，自动从ch[0]元素开始，顺序输出各个元素的值（字符形式），直到遇到字符串的结束标志'\0'。

注 意

这种直接使用数组名，把字符数组当作一个整体来处理的做法，只适用于字符数组，而不适用于数值型数组。

6.3.4　字符串的输入、输出和处理

1. 字符串的输入

用于字符串输入的函数有两个：scanf()和gets()。

（1）scanf()函数。

若有：

```
char ch[5];
```

则可以用下面的方法将一个字符串输入字符数组 ch：

```
for(i = 0 ; i<5 ; i++)
scanf("%c",&ch[i]);
```

这里运用循环语句，依次为数组的每个元素输入值。"%c"表示以字符的形式输入数据。

```
scanf("%s",ch);
```

"%s"表示以字符串的形式输入数据。注意，不能在数组名 ch 的前面加上取地址符&，因为数组名 ch 已经代表了数组的首地址。

在用这种方法输入字符串时，除输入的字符串本身的内容被存入数组 ch 外，字符串末尾的结束标志'\0'也会被存入数组。

需要注意的是，当使用 scanf()函数以"%s"的形式输入字符串时，存入字符数组中的内容开始于输入字符的第一个非空白字符，而终止于下一个空白字符（包括'\n'、'\t'、' '）。

例如：

```
char ch[6]
    scanf("%s" , ch) ;
```

若输入：

```
How  are  you ↙
```

则数组 ch 中的实际内容如下：

ch[0]	ch[1]	ch[2]	ch[3]	ch[4]	ch[5]
H	o	w	'\0'		

（2）gets()函数。

gets()函数的作用是输入一个字符串，其调用的一般形式为：

```
gets(字符数组名);
```

与 scanf()函数使用"%s"输入字符串不同的是，gets()函数可以将输入的换行符之前的所有字符（包括空格）都存入字符数组，最后加上字符串结束标志'\0'。如果要在程序中使用 gets()函数，则需要包含头文件 stdio.h。

2. 字符串的输出

用于字符串输出的函数也有两个：printf()和 puts()。

（1）printf()函数。

若有：

```
char ch[ ] = "How are you" ;
```

则可以用下面的方法输出字符数组 ch 中的内容：

```
for(i = 0 ; i<11 ; i++)
   printf("%c",ch[i]);
```

这种方法分别引用字符数组中的每个元素，一个一个地输出数组元素中的字符。

```
printf("%s",ch);
```

这种方法以字符串的形式，一次输出整个字符数组中的所有字符。

（2）puts()函数。

puts()函数的作用是输出一个字符串，其调用的一般形式为：

```
puts(字符数组名或字符串常量);
```

与 printf()函数不同的是，在使用 puts()函数输出字符串时，会自动在字符串的末尾输出一个换行符'\n'。如果要在程序中使用 puts()函数，则需要包含头文件 stdio.h。

【例 6.13】输入和输出字符串。

```
# include <stdio.h>
main()
{
 char str1[]="Hello",str2[20];
 printf("请输入你的姓名：\n");
 gets(str2);
 printf("%s   %s !",str1,str2);
}
```

运行结果：

```
请输入你的姓名：
Xiang   Hua ↙
Hello   Xiang   Hua !
```

【例 6.14】原文变密码。

在此例中，原文变密码的规则是，Z 变成 X、z 变成 x，A 变成 Y、a 变成 y，B 变成 Z、b 变成 z，即变成该字母前面第二个字母。原文中不是字母的字符不变。

程序如下：

```
# include <stdio.h>
main()
{
 char str1[80],str2[80];  /* str1中存放原文字符串，str2中存放密码字符串 */
 char ch;
 int i;
 puts("请输入原文：");
 gets(str1);
 i=0;
 while (str1[i]!='\0')   /* 开始扫描原文字符串，直到遇到字符串结束标志'\0' */
   {
    ch=str1[i];          /* 将扫描到的当前字符存放到字符变量ch中 */
    if (ch>='c' && ch<='z' || ch>='C' && ch<='Z')    /* 判断ch是否为c～z或C～Z中的字母之一 */
        ch=ch-2;
    else if (ch>='a' && ch<='b' || ch>='A' && ch<='B')    /* 对前两个字母进行处理 */
```

```
        ch=ch+24;
    str2[i]=ch;      /* 将处理后的字符存入密码字符串 */
    i++;             /* 扫描下一个字符 */
  }
 str2[i]='\0';       /* 扫描结束后，在密码字符串的末尾加上字符串结束标志'\0' */
 puts("密码为：");
 printf("%s",str2);
}
```

运行结果：

```
请输入原文：
I am a student ↙
密码为：
G yk y qrsbclr
```

3. 常用字符串处理函数

字符串的处理是程序设计中基本的操作，C 语言提供了许多专门用于处理字符串的函数。下面重点介绍常用的 strlen()函数、strcat()函数、strcmp()函数和 strcpy()函数。要使用这些函数，需要包含头文件 string.h。

（1）strlen()函数。

strlen()函数的作用是返回字符串的长度，其调用的一般形式为：

```
strlen(字符数组名或字符串常量)
```

该函数的返回值即为字符串的长度。注意，该字符串的长度并没有把字符串的结束标志'\0'计算在内。

【例 6.15】strlen()函数应用示例。

下面程序的功能是，输入一个字符串，并输出字符串的长度。

```
# include <stdio.h>
# include <string.h>
main()
{
 char str[80];
 printf("输入一个字符串：\n");
 gets(str);
 printf("该字符串的长度为：%d",strlen(str));
}
```

运行结果：

```
输入一个字符串：
How are you! ↙
该字符串的长度为：12
```

（2）strcat()函数。

strcat()函数的作用是连接两个字符串，其调用的一般形式为：

```
strcat(字符数组1，字符数组2);
```

strcat()函数把字符数组 2 连接到字符数组 1 的后面，连接的结果放在字符数组 1 中。需要注意的是，在定义字符数组 1 时，其长度应该足够大，否则就没有多余的空间来存放连接后生成的新字符串。

【例 6.16】strcat()函数应用示例。

```
# include <stdio.h>
# include <string.h>
main()
{
 char str1[30],str2[20];
 printf("请输入第1个字符串：");
 gets(str1);
 printf("请输入第2个字符串：");
 gets(str2);
 strcat(str1,str2);
 printf("连接后的字符串为：%s", str1);
}
```

运行结果：

```
请输入第1个字符串：I  am  a↙
请输入第2个字符串：student↙
连接后的字符串为：I  am  a  student
```

（3）strcmp()函数。

strcmp()函数的作用是比较两个字符串是否相同，其调用的一般形式为：

```
strcmp(字符串1，字符串2)
```

如果字符串 1 和字符串 2 相同，则函数返回 0。

如果字符串 1 大于字符串 2，则函数返回正数。

如果字符串 1 小于字符串 2，则函数返回负数。

【例 6.17】strcmp()函数应用示例。

```
# include <stdio.h>
# include <string.h>
main()
{
 char str1[80],str2[80];
 printf("输入第一个字符串：");
 gets(str1);
 printf("输入第二个字符串：");
 gets(str2);
 if (strcmp(str1,str2) = = 0 )
    printf("两个字符串内容相同");
 else
```

```
    printf("两个字符串内容不同");
}
```

运行结果：

```
输入第一个字符串：Hello ↙
输入第二个字符串：Welcome ↙
两个字符串内容不同
```

（4）strcpy()函数。

strcpy()函数的作用是复制字符串，其调用的一般形式为：

```
strcpy(字符数组1，字符串2)
```

strcpy()函数把字符串 2 的内容复制到字符数组 1 中。这里，字符串 2 可以是字符数组名，也可以是字符串常量，而字符数组 1 只能是字符数组名。

注 意

不能使用赋值语句将一个字符串常量或字符数组直接赋值给一个字符数组。例如，下面的语句是错误的：

```
str1 = "hello" ;
str1 = str2 ;
```

【例 6.18】strcpy()函数应用示例。

下面程序的功能是交换两个字符数组 str1 和 str2 的内容。

```
# include <stdio.h>
# include <string.h>
main()
{
 char str1[20],str2[20],temp[20];
 printf("输入字符串str1：");
 gets(str1);
 printf("输入字符串str2：");
 gets(str2);
 strcpy(temp,str1);
 strcpy(str1,str2);
 strcpy(str2,temp);
 printf("交换后str1的内容为：%s\n",str1);
 printf("str2的内容为：%s",str2);
}
```

运行结果：

```
输入字符串str1：abc ↙
输入字符串str2：1234 ↙
交换后str1的内容为：1234
str2的内容为：abc
```

习题六

1. 填空题

（1）数组是一组________________的数据的集合。

（2）在 C 语言中，没有字符串变量，字符串的存储是通过________________来实现的。

（3）strlen()函数的功能是________________，strcmp()函数的功能是________________。

2. 选择题

（1）定义一个有 100 个元素的 int 型数组，下面正确的语句是________。

A. int a(99);　　B. int a[99];

C. int a(100);　　D. int a[100];

（2）下面对数组 b 进行初始化的语句正确的是________。

A. int b[10]=1;　　B. int b[10]=(1,2,3);

C. int b[]={1,2,3};　　D. int b[10]={}

（3）在 C 语言程序中，当引用一个数组元素时，其下标的数据类型允许是________。

A. 任何类型的表达式　　B. 整型常量

C. 整型表达式　　D. 整型常量或整型表达式

（4）下面语句中正确的是________。

A. char name []={'T','o','m'};　　B. char name="Tom";

C. char name[3]="Tom";　　D. char name[]='T','o','m','\0' ;

3. 分析下列程序，写出运行结果

（1）

```
#include <stdio.h>
main()
{
   int a[10],i;
   for(i=0;i<10;i++)
   {
      a[i]=i+1;
      printf("a[%d]=%d\n",i,a[i]);
   }
}
```

（2）

```
#include <stdio.h>
```

```
main()
{
  int a[5]={10,20,30,40,50};
  int b[5]={1,2,3};
  int c[]={0,1,2,3};
  int i;
  printf("数组a：");
  for(i=0;i<5;i++)
    printf("%5d",a[i]);
  printf("\n");
  printf("数组b：");
  for(i=0;i<5;i++)
    printf("%5d",b[i]);
  printf("\n");
  printf("数组c：");
  for(i=0;i<4;i++)
    printf("%5d",c[i]);
}
```

4. 编程题

（1）输入一组数，求其中的最大值和最小值，以及这组数的和及平均值。

（2）求 100 以内的所有素数，按每行 8 个输出。

（3）输入二维数组 a[4][6]，输出其中的最大值及其对应的行列位置。

（4）将一个字符串插入另一个字符串的指定位置。例如，将字符串"abc"插入字符串"123456"中的第三个位置，插入后的结果应为"12abc3456"。

上机实习指导

一、学习目标

本章重点介绍C语言中的数组及其有关操作。数组几乎是每种高级语言都提供的数据类型，它是我们学习C语言程序设计必须重点掌握的基础知识。

通过本章的学习，读者应掌握以下内容。

（1）熟练掌握数值型数组（包括一维数组和二维数组）、字符数组的定义和引用方法。

（2）熟练掌握数值型数组和字符数组的初始化方法。

（3）掌握常用的字符串处理函数。

（4）理解选择排序算法。

（5）在实际编程中能灵活运用数组解决相关问题。

二、在定义和引用数组时易出现的错误

1. 在定义数组时没有指定数组的长度

只有在两种情况下，定义数组可以不指定数组的长度：一是定义数组的同时初始化数组；二是定义作为形式参数的数组。除此之外，在定义数组时必须指定数组的长度，否则系统在编译时会报错。例如，在定义数组 a 时没有指定数组长度，系统在编译时将提示如下出错信息：

```
[Error] storage size of 'a' isn't known
```

2. 在引用数组元素时下标超出范围

对于一个长度为 n 的数组，在引用数组元素时下标的范围是 0～n-1。当下标超出此范围时，系统在编译和连接时都不会产生任何出错信息，但程序在运行时就可能出现莫名其妙的中断或死机。因此，在引用数组元素时，下标超出范围的错误既危险又难以查找，在上机调试程序时一定要多加注意。

3. 直接把字符串赋值给一个字符数组

不能用赋值的形式把字符串存入一个字符数组（定义字符数组的同时初始化数组除外），正确的做法是调用字符串复制函数 strcpy()。

下面程序段的写法是正确的：

```
char s[6]="Hello";
…
puts(s);
```

或

```
char s[6];
…
strcpy(s,"Hello");
puts(s);
```

下面的程序段是错误的：

```
char s[6];
…
s="Hello";
puts(s);
```

4. 直接用关系运算符“==”比较两个字符串是否相等

要比较两个字符串的内容是否相同，应该使用 strcmp()函数，而不能用关系运算符“==”直接比较。

看下面的程序：

```
#include <stdio.h>
main()
{
 char s1[6]="Hello",s2[6]="Hello";
```

```
 if (s1= =s2) printf("两个字符数组的内容相同");
 else printf("两个字符数组的内容不同");
}
```

运行结果：

```
两个字符数组的内容不同
```

虽然字符数组 s1 和 s2 的内容完全一样，但程序的运行结果仍然显示它们的内容不同。事实上，无论字符数组 s1 和 s2 的内容是否相同，程序在运行时都会产生这样的运行结果。

为什么会这样呢？因为关系表达式 s1= =s2 并非用于判断字符数组 s1 和 s2 的内容是否相同，而是判断数组名 s1 和 s2 的值（数组的首地址）是否相等！由于这是两个不同的数组，因此关系表达式 s1= =s2 的值始终为假。

所以，要比较字符数组 s1 和 s2 的内容是否相同，应该把上面程序中的 if 语句改写如下：

```
if (strcmp(s1,s2) = =0 ) printf("两个字符数组的内容相同");
else printf("两个字符数组的内容不同");
```

或

```
if (! strcmp(s1,s2) ) printf("两个字符数组的内容相同");
else printf("两个字符数组的内容不同");
```

上机实习一　数值型数组

一、目的要求

（1）熟练掌握数值型数组的定义和引用方法。

（2）熟练掌握数值型数组的初始化方法。

（3）在实际编程时能灵活运用数组处理一组具有共性的数据。

（4）在调试程序的过程中，逐步熟悉一些与数组有关的出错信息，提高程序调试技巧。

二、上机内容

1. 上机调试下面的程序，修改其中存在的错误

（1）

```
#include <stdio.h>
main()
{
 int b=5,i;
 int a[b]={1,2,3,4,5};
 for (i=0;i<b;i++)
   printf("%d   ",a[i]);
}
```

（2）

```
#include <stdio.h>
main()
{
 int a[ ];
 int i,sum;
 for (i=0;i<=10;i++)
   {
     scanf("%d" , &a[i]);
     sum+=a[i];
   }
 printf("sum=%d", sum);
}
```

2. 运行下面的程序，分析并观察运行结果

```
#include <stdio.h>
main()
{
 int a[10]={89,67,100,64,76,90,94,52,82,90};
 int num,i;
 printf("输入要查找的数：");
 scanf("%d",&num);
 for(i=0 ; i<10 ; i++)
    if (a[i] = = num) break;
 if (i<10) printf("%d在这组数中的第%d个位置。",num , i+1);
 else printf("%d不在这组数中。" , num);
}
```

说明：运行这个程序时分别输入下面三个数据，注意观察它们的输出结果。

输入数据一：

```
89 ↙
```

输入数据二：

```
120 ↙
```

输入数据三：

```
94 ↙
```

3. 完善程序

根据程序的功能，在程序中的横线处填写正确的语句或表达式，使程序完整。上机调试程序，使程序的运行结果与给出的结果一致。

（1）输入 20 个整数，统计其中非负数个数，并求非负数之和。

```
#include <stdio.h>
main()
{
 int i,num[20];
```

```
    int count,sum;
    count=0; sum=0;
    printf("输入20个整数：\n");
    for(i=0;i<20;i++)
      {
        scanf("%d", ________________);
        if  (num[i] ________________)
             {count++; sum=____________________;}
      }
     printf("非负数的个数为：%d\n",count);
     printf("非负数之和为：%d",sum);
}
```

（2）输入一组学生的语文成绩和数学成绩，求每个学生的平均成绩。要求按后面运行结果所示的格式输出数据。

```
#include <stdio.h>
main()
{
 int score[40][3],i,j,num;
 float av[40];
 printf("输入学生人数（不超过40人）：");
 scanf("%d",&num);
 for(i=0;i<num; ________)
    {printf("输入第%d个学生的语文成绩和数学成绩：",i+1);
     for(j=0; ________;j++)
       scanf("%d",&score[i][j]);
    }
 for(i=0;i<num;i++)
    {
     score[i][2]=0;     /*  score[i][2]存放总成绩   */
     for(j=0;j<2;j++)
       _________________________;      /*  求总成绩   */
     av[i]=                    ;      /*  求平均成绩   */
    }
 printf("%8s%10s%10s%10s%10s\n","编号","语文成绩","数学成绩","总成绩","平均成绩");
 for(i=0;i<num;i++)
    {
     printf("%8d", ____________);          /*  输出编号   */
     for(j=0;j<3;j++)
       printf("%10d", ________________);  /*  输出语文成绩、数学成绩和总成绩   */
     printf("%10.1f\n", ____________);  /*  输出平均成绩   */
    }
}
```

运行结果：

```
输入学生人数（不超过40人）：4↙
输入第1个学生的语文成绩和数学成绩：86  83↙
输入第2个学生的语文成绩和数学成绩：75  81↙
输入第3个学生的语文成绩和数学成绩：90  87↙
输入第4个学生的语文成绩和数学成绩：65  74↙
编号  语文成绩  数学成绩  总成绩  平均成绩
 1      86        83       169     84.5
 2      75        81       156     78.0
 3      90        87       177     88.5
 4      65        74       139     69.5
```

上机实习二　字符数组

一、目的要求

（1）熟练掌握字符数组的定义和引用方法。

（2）熟练掌握字符数组的初始化方法。

（3）掌握常用的字符串处理函数。

二、上机内容

1. 上机调试下面的程序，修改其中存在的错误

（1）

```
#include <stdio.h>
main()
{
  char str[10];
  str="Hello";
  puts(str);
}
```

（2）

```
#include <stdio.h>
main()
{
  char str1[20],str2[20];
  gets(str1);
  gets(str2);
  if  (str1= =str2) printf("两个字符串相同");
```

```
  else printf("两个字符串不同");
}
```

2. 完善程序

根据程序的功能，在程序中的横线处填写正确的语句或表达式，使程序完整。上机调试程序，使程序的运行结果与给出的结果一致。

（1）下面是一个简单的输入密码程序，可判断输入的字符串是否与预先设置的密码相同。

```
# include <stdio.h>
# include <string.h>
main()
{
 char password[ ] = "hello";    /* 预先设置密码 */
 char str[20];
 printf("请输入密码：\n");
 gets(str);
 if  (________________________________)
   printf("密码正确！");
 else
   {
     printf("____________________");
     exit(0);   /* 终止程序的运行 */
   }
 printf("请继续……");
}
```

运行结果之一：

```
请输入密码：
hello ↙
密码正确！请继续……
```

运行结果之二：

```
请输入密码：
abcde ↙
密码不正确！
```

（2）输入一组学生的姓名和成绩，根据成绩排出名次，要求按后面运行结果所示的格式输出数据。

```
# include <stdio.h>
# include <string.h>
main()
{
 char name[40][10] , str[10];
 int score[40] , num , i , j , t;
 printf("输入学生人数：");
 scanf("%d" , &num);
```

```
for(i=0 ; i<num ; i++)
  {
    printf("输入第%d位学生的姓名和成绩：" , i+1);
    scanf("%s %d" , name[i] , &score[i]);
  }
for(i=0 ;                  ; i++)       /*  排序  */
  for(j=______;j<num;j++)
    if (score[j]>score[i])
          {t=score[i];
           ____________;
           ____________;
           strcpy(str , name[i]);
           ________________;
           ________________;
          }
printf("排了名次的成绩单如下：\n");
printf("%8s%12s%8s\n" , ______________________);
for(i=0;i<num;i++)
  printf("%8d%12s%8d\n" , i+1 , ______________, score[i]);
}
```

运行结果：

```
输入学生人数：4↙
输入第1位学生的姓名和成绩：赵勇  76↙
输入第2位学生的姓名和成绩：刘华  73↙
输入第3位学生的姓名和成绩：张小宇  88↙
输入第4位学生的姓名和成绩：冯向  100↙
排了名次的成绩单如下：
   名次     姓名      成绩
    1       冯向      100
    2       张小宇     88
    3       赵勇       76
    4       刘华       73
```

第 7 章

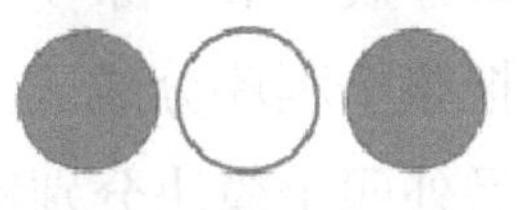

函　数

函数是实现了一定功能的、具有一定格式的程序段，是 C 语言程序的基本组成单位。利用函数可以实现程序的模块化，使复杂问题得以轻松解决。本章主要介绍函数的定义和调用方法，以及与函数有关的一些基本概念。

【本章要点】

（1）函数的定义和调用。

（2）函数参数和函数的返回值。

（3）变量的作用域。

【学习目标】

（1）了解 C 语言函数的分类。

（2）掌握函数的定义和调用方法。

（3）了解局部变量和全局变量的概念及其作用范围。

（4）在实际编程中能够合理地使用不同作用域的变量。

【课时建议】

讲授 6 课时，上机 4 课时。

7.1　函数概述

7.1.1　为什么要使用函数

在进行程序设计时，如果遇到一个复杂的问题，那么最好的解决方法就是将原始问题分解成若干个易于求解的小问题，每个小问题都用一个相对独立的程序模块来处理，最后把所有的模块像搭积木一样拼在一起，形成一个完整的程序。这种程序设计中分而治之的策略被称为模块化程序设计方法，这是结构化程序设计中的一条重要原则。

几乎所有的高级程序设计语言都提供了自己的实现程序模块化的方法（如子程序、过程和函数等）。在 C 语言中，由于函数是程序的基本组成单位，因此，可以很方便地利用函数实现程序的模块化，这也是C语言的重要特点之一。

例如，要设计一个算术练习程序，要求这个程序能随机给出加、减、乘、除 4 种算术练习题，并能判断答题者的答案是否正确。根据程序的功能，可以把整个程序分成五大模块，其中，一个模块实现加、减、乘、除 4 种运算的菜单选择功能，另外四个模块分别实现 4 种运算的出题和对答案正误的判断。这里，菜单选择模块可用主函数来实现，通过主函数对另外 4 个函数的调用把它们拼起来。图 7-1 是这个程序的模块结构图。在本章末尾的上机实习三中，将详细介绍这个算术练习题程序的设计思路，并给出部分源程序代码。

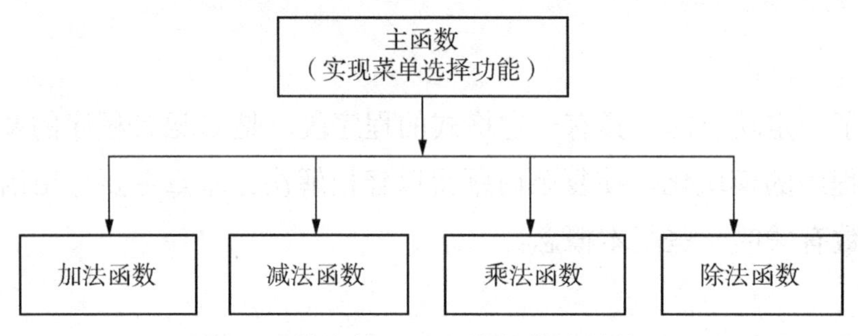

图 7-1　算术练习题程序的模块结构图

显然，利用函数不仅可以实现程序的模块化，使用程序设计变得简单和直观，还提高了程序的易读性和易维护性。另外，我们还可以把程序中需要多次执行的计算或操作编写成通用的函数，以备需要时调用。同一个函数不论在程序中被调用多少次，在源程序中只需书写一次、编译一次，这样就避免了大量的重复程序段，缩短了源程序的长度，也节省了内存空间，减少了编译时间，真是一举数得！

7.1.2　库函数和用户自定义函数

C 语言函数分成系统提供的库函数和用户自定义函数两大类。库函数是系统提供的已经设计好的函数，C 语言提供了 300 多个库函数，编程时可直接调用库函数来完成各种各样的任务。例如，前面介绍的格式输入/输出函数 scanf()和 printf()，以及 strcat()、strcpy()和 strlen()等字符串处理函数，都是库函数。

除了库函数，用户还可以根据自己的需要定义用以解决具体问题的函数，之后通过函数调用来实现所需的功能。

本章主要介绍用户自定义函数。

7.2 函数的定义

7.2.1 函数定义的一般形式

函数的定义主要是指定函数的名称、函数的类型及该函数完成什么功能。函数定义的一般形式如下：

```
类型标识符  函数名（形式参数表）
形式参数说明
{
 函数体
}
```

下面先看一个简单的例子。

【例 7.1】定义一个 sum 函数，求两个整数之和。

```
#include <stdio.h>
main()
{
 int num1 , num2 ;
 int s ;
 int sum(int,int);  /* 声明 sum()函数的类型及其参数个数和类型 */
 printf("输入两个整数：") ;
 scanf("%d,%d",&num1,&num2) ;
 s = sum(num1,num2) ;  /* 调用 sum 函数，并把得到的函数返回值存入变量 s */
 printf("两个数之和为：%d",s) ;
}
int sum(int x,int y)     /* 定义 sum 函数，函数类型为 int，形式参数为 x 和 y */
{
 int z;
 z=x+y;
 return (z) ;     /* 返回变量 z 的值 */
}
```

运行结果：

```
输入两个整数：27,10 ↙
两个数之和为：37
```

这个程序由两个函数组成，一个是主函数 main()，另一个是自定义函数 sum()。sum()函数的功能是求输入的两个数之和，并返回求得的和。main()函数在调用自定义函数 sum()时，将实际参数（实参）num1 和 num2 的值分别传递给形式参数（形参）x 和 y。

注意上面程序 main()函数中的函数声明语句：

```
int sum(int,int);
```

由于 sum()函数是在 main()函数之后定义的，因此 main()函数在调用 sum()函数时，必须先对 sum()函数进行声明。函数声明的作用是把函数的名字、函数类型及形参的类型、个数和顺序通知编译系统，以便在调用该函数时系统按此进行对照检查。例如，函数名是否正确、实参与形参的类型和个数是否一致等。

“int sum(int,int);”这条声明语句表明 sum()函数的类型（返回值的类型）是 int 型，sum()函数有两个形参，形参的类型都是 int 型。

7.2.2 有关函数定义的几点说明

1. 函数的类型

在定义函数时，函数名前的类型标识符说明了函数的类型，这也是该函数的返回值的数据类型。类型标识符可以是 int、long、float、double、char 中的任何一种。当函数类型为 int 时，类型标识符 int 可以省略。例如，【例 7.1】中的语句：

```
int sum(x,y)
```

可以写成：

```
sum(x,y)
```

2. 函数名

函数名的命名规则遵循标识符的命名规则。为了提高程序的易读性，在定义函数时，最好给函数取一个见名知意的名字，也就是说，一个好的函数名能够体现该函数的功能。

3. 形式参数表

在定义函数时，函数名后面圆括号中的变量为形参。如果形参不止一个，那么每个形参之间以逗号分隔。

需要注意的是，并不是每个函数都必须有形参，但无论有没有形参，函数名后面的圆括号都不能省略。

4. 形式参数说明

如果函数有形参，则必须说明形参的类型。例如：

```
sum(int x , int y)
{  }
```

注意，在说明形参的类型时，无论各个形参是否属于同一个类型，每个形参之前都必须有一个类型标识符。例如，以下写法是错误的：

```
sum(int x , y)
{  }
```

5. 函数体

函数体是用一对大括号括起来的语句序列，函数的功能就是由这些语句共同完成的。所有在函数体中使用的形参之外的变量，都可以在函数体的开始部分进行变量的类型说明。例如，在【例 7.1】的 sum()函数中，定义了变量 z。

6. 空函数

在定义函数时，函数类型、形参及函数体均可以省略。因此，最简单的函数定义是：

```
函数名()
{ }
```

这种函数称为空函数。显然，空函数不执行任何操作，但这并不意味着空函数是没有用处的。事实上，在编写程序的最初阶段，空函数非常有用，在设计一个较复杂的程序时，通常不可能一步到位地编写好每个功能模块，这时就可以利用空函数来表示没有编写好的模块，以确保程序结构的完整，使程序在最初的调试中能顺利地通过语法检查，以后再根据需要在每个空函数内添加具体的内容，逐步扩充程序的功能。

7. 自定义函数在程序中的位置

一个 C 程序由主函数和若干个自定义函数组成，各个函数在程序中的定义是相互独立的，不能在一个函数的函数体内部定义另一个函数。

自定义函数可以放在主函数之前，也可以放在主函数之后，但无论自定义函数放在程序中的什么位置，程序的执行总是从主函数开始的。为了提高程序的可读性，习惯上把主函数放在所有自定义函数之前。

7.3 函数参数及返回值

7.3.1 函数参数

1. 为什么要使用参数

对于初学者而言，往往不清楚一个函数在什么情况下需要有形参。下面，我们通过两个具体的程序加以说明。

【例 7.2】编写一个函数，输出一串星号。

```
#include <stdio.h>
main()
{
 void pstar();   /* 声明 pstar()函数为空值类型 */
 pstar() ;
 printf("  欢迎使用本程序！ \n") ;
 pstar() ;
}
void pstar()     /* 定义pstar()函数 */
```

```
{
 printf("********************\n") ;
}
```

运行结果：

```
********************
  欢迎使用本程序！
********************
```

在这个程序中，main()函数两次调用 pstar()函数，都输出数目相同的一串星号。如果想输出不同数量的星号，则最容易想到的方法就是分别定义输出不同数量星号的函数，但显然，这种方法是不可取的。

注意，在程序中声明 pstar()函数和定义 pstar()函数时，都使用了类型说明符“void”，void 是空值类型的意思，在这里表示 pstar()函数没有返回值。

【例 7.3】编写一个函数，输出多串星号，星号的数量由参数决定。

```
#include <stdio.h>
main()
{
 int i;
 void pstar(int);
 for (i=0;i<=4;i++)
      pstar(i*2+1) ;
}
void pstar(int num)   /* 形参num表示要输出的星号的个数 */
{
 int i ;
 for (i=1 ; i<=num ; i++)
    printf("*") ;
 printf("\n") ;
}
```

运行结果：

```
*
***
*****
*******
*********
```

这个程序的功能是输出多串星号。在这个程序中，pstar()函数同样是执行输出一串星号的功能，但每次调用 pstar()函数都可以输出不同数量的星号，星号数量的变化通过形参 num 来实现。在 main()函数中调用 pstar()函数时，只需将希望得到的星号的数量值，以实参的形式传递给 pstar()函数即可。

通过上面的两个程序可以看出，使用形参的根本目的是提高一个函数的灵活性和通用性。

2. 形参和实参

形参是指在定义函数时，放在函数名后的圆括号内的变量。实参是指在调用函数时，放在函数名后的圆括号内的表达式。

实参与形参的关系如下。

（1）实参的数量应该与形参的数量相同。如果一个函数没有形参，则在调用该函数时就不应有实参，如【例 7.2】中对 pstar()函数的定义和调用就是如此。

（2）实参的类型应该与形参的类型一致。

（3）在定义函数时所定义的形参只能是变量，而调用函数时的实参可以是变量，也可以是常量或表达式，如在【例 7.3】的主函数中调用 pstar()函数时，就使用了一个表达式来作为实参。

（4）当使用简单变量作为函数参数时，参数的传递是“值传递”，这是一种单向传递，即数据只能由实参传给形参，而不能由形参传回实参。看下面的例子。

【例 7.4】参数的传递。

```
#include <stdio.h>
main()
{
 int a=3;
 void change(int);
 printf("a=%d\n",a);
 change(a);
 printf("a=%d",a);
}
void change(int x)
{
 x=x+10;    /* 改变形参x的值 */
 printf("x=%d\n",x);
}
```

运行结果：

```
a=3
x=13
a=3
```

在本例中，虽然在 change()函数中形参 x 的值发生了改变，但是在主函数中，实参 a 的值却没有发生变化。【例 7.4】的参数传递示意图如图 7-2 所示。

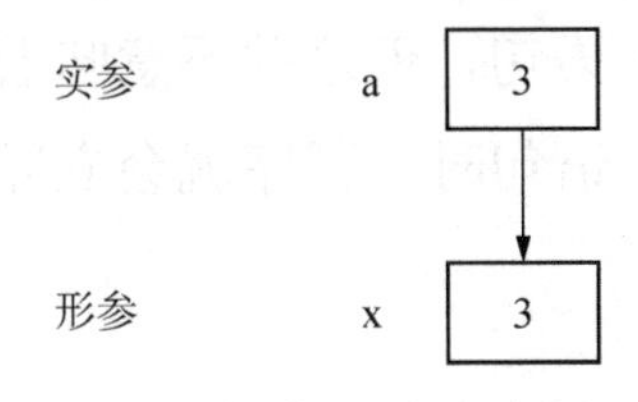

图 7-2　参数传递示意图

从图 7-2 中可以看出，形参变量和实参变量分别占用不同的存储单元，所以，无论形参的值如何变化，都不会影响实参的值。

7.3.2　函数的返回值

函数的返回值使用 return 语句返回，例如，在【例 7.1】的 sum 函数中，使用 return 语句返回了变量 z 的值。return 语句的一般形式如下：

```
return (表达式) ;
```

或

```
return 表达式 ;
```

或

```
return ;
```

例如：

```
return (1) ;        /*返回值为1*/
return (a+b) ;      /*返回表达式a+b的值*/
return (x) ;        /*返回变量x的值*/
```

return 语句的作用有两个：一是终止包含它的那个函数的运行，使程序返回到调用该函数的语句处继续执行；二是用来返回一个数据，这个数据就是紧跟在 return 之后的表达式的值，也就是函数的返回值。在主函数中，可以引用由 return 语句带回的函数的返回值。

说明：

（1）并不是每个自定义函数都必须有 return 语句，如果一个函数不需要带回任何数据，那么这个函数可以没有 return 语句。

（2）一个没有 return 语句的函数，并不意味着没有返回值。实际上，任何一个类型不为 void 的函数都有一个返回值，包含 return 语句的函数返回一个确定的值，而没有包含 return 语句的函数则返回一个不确定的值。

（3）可以引用不含 return 语句的函数所带回的不确定的返回值，这样不会出现任何语法错误，但这种做法是毫无意义的。另外，还有可能使程序的执行产生难以预料的后果。因此，为了禁止引用不带 return 语句的函数的值，可在定义函数时指定函数的类型为 void 型，即空值类型。例如：

```
void pf ()
{
 …
}
```

（4）函数中可以有多个 return 语句，但这并不意味着一个函数可以同时返回多个值。当执行到被调函数中的第一个 return 语句时，程序就会立即返回到主函数。也就是说，只有一个 return 语句有机会被执行。

7.4 函数的调用

7.4.1 函数的语句调用

函数的语句调用是把函数调用作为一个语句，其一般形式为：

```
函数名(实参表)；
```

这种调用方式通常用于调用一个不带有返回值的函数，如【例 7.2】和【例 7.3】中对函数 pstar()的调用方式就属于语句调用。

如果调用的函数无形式参数，则可以没有实参表，但函数名后面的圆括号不能省略。下面是一个函数的语句调用的例子。

【例 7.5】编写一个函数，输出两个数中的最小值。

```
#include <stdio.h>
main()
{
 int a,b ;
 void min(int,int);
 printf("a=") ;
 scanf("%d",&a) ;
 printf("b=") ;
 scanf("%d",&b) ;
 min(a,b) ;     /* 函数的语句调用 */
}
void min(int num1,int num2)
{
 int m ;
 if (num1<num2) m=num1 ;
 else m=num2 ;
 printf("最小值为：%d",m) ;
}
```

运行结果：

```
a=13 ↙
b=86 ↙
最小值为：13
```

7.4.2 函数表达式调用

函数可以出现在表达式中，这种表达式称为函数表达式，其一般形式为：

```
变量名=函数表达式
```

这种调用方式用于调用带有返回值的函数，函数的返回值将参加表达式的运算。如【例 7.1】

中对 sum()函数的调用，就是属于函数表达式调用。

下面的程序使用另一种方式来实现【例 7.5】的功能。

【例 7.6】编写一个函数，求两个数中的最小值。

```
#include <stdio.h>
main()
{
 int a,b,n ;
 int min(int,int);
 printf("a=") ;
 scanf("%d",&a) ;
 printf("b=") ;
 scanf("%d",&b) ;
 n=min(a,b) ;     /* 函数的表达式调用 */
 printf("最小值为：%d",n) ;
}
int min(int num1, int num2)
{
 int m ;
 if (num1<num2) m=num1 ;
 else m=num2 ;
 return m;
}
```

运行结果：

```
a=13 ↙
b=86 ↙
最小值为：13
```

说明：对于一个带有返回值，并且返回值的类型不为 int 型的函数，在定义该函数时应该指明该函数的类型，即函数名之前应该有类型标识符。同时，在调用该函数之前，还应该在主函数中声明被调用函数的类型。看下面的例子。

【例 7.7】调用函数求 n!的值。

```
#include <stdio.h>
main()
{
 int n ;
 long t ;
 long f(int) ;     /* 声明被调用函数f()的类型为long */
 printf("输入一个整数：\n") ;
 scanf("%d" , &n) ;
 t=f(n) ;
 printf("%d!=%ld" , n , t) ;
}
long f(int num)
{
 long x ;
```

```
  int i ;
  x=1 ;
  for (i=1 ; i<=num ; i++)
    x*=i ;
  return x ;
}
```

运行结果：

```
输入一个整数：8↙
8! = 40320
```

注意主函数中的函数声明语句：

```
long f(int) ;
```

该语句声明了 f()函数的返回值类型为 long，并且 f()函数有一个类型为 int 的形参。在主函数中对被调用函数进行类型声明，意在告诉编译系统，在本函数中将要用到的某函数是什么类型，以便让编译系统进行相应的处理。

函数声明的一般形式为：

```
类型标识符 函数名() ;
```

程序中的

```
long t ;
long f(int) ;
```

也可以写成：

```
long t , f(int) ;
```

注意

函数的类型声明是函数调用中一个非常重要的环节，初学者往往因忽略它而导致在上机调试程序时遇到麻烦。

在上面的这个程序中，如果将主函数中的 long f(int)删去，则在编译程序时系统将提示如下出错信息：

```
    [Error]  'f ' was not declared in this scope
```

但是，并不是每个被调用函数都必须声明其类型。在下面几种情况下，可以不对被调用函数进行类型声明。

（1）当被调用函数的定义出现在主函数之前时，可以不声明其类型。试比较下面同一个程序的两种写法。

① 被调用函数的定义在主函数之后。

```
main()
{
  long f() ;
  …
  t=f() ;
  …
```

```
}
long f()
{…}
```

② 被调用函数的定义在主函数之前。

```
long f()
{…}
main()
{
 …
 t=f() ;
 …
}
```

（2）在程序的开头，所有函数定义之前已经说明了函数的类型，那么在每个主函数中都不必再对被调用函数进行类型声明。例如：

```
long f() ;
main()
{
 …
 t=f() ;
 …
}
long f()
{…}
```

7.4.3 函数的递归调用

在C语言中，允许函数直接或间接地调用自己，这种调用方式称为函数的递归调用，其一般形式为：

```
a(x)
{
 …
 a(y) ;      /* 直接的递归调用 */
 …
}
```

或

```
a(x)
{
 …
 b() ;
 …
}
b()
```

```
{
 …
 a(y) ;          /* 间接的递归调用 */
 …
}
```

下面看一个递归调用的例子。

【例 7.8】使用递归调用的方法，求 x^n（x 和 n 均为正整数）的值。

```
#include <stdio.h>
main()
{
 int a , b ;
 long power(int,int) , t ;
 printf("输入两个整数：") ;
 scanf("%d , %d" , &a , &b) ;
 t=power(a , b) ;
 printf("%d ^ %d = %ld" , a , b , t) ;
}
long power(int x , int n)
{
 long y;
 if (n>0)
   y=x*power(x , n-1) ;      /* 直接的递归调用 */
 else y=1 ;
 return y ;
}
```

运行结果：

```
输入两个整数：3, 4↙
3 ^ 4 = 81
```

power()函数在执行的过程中，通过 power(x,n－1)的形式直接调用了它自己。在程序中递归调用的条件是 n>0，当这个条件不再满足时（n=0 时），即终止了递归调用。

这个程序的执行过程如图 7-3 所示。

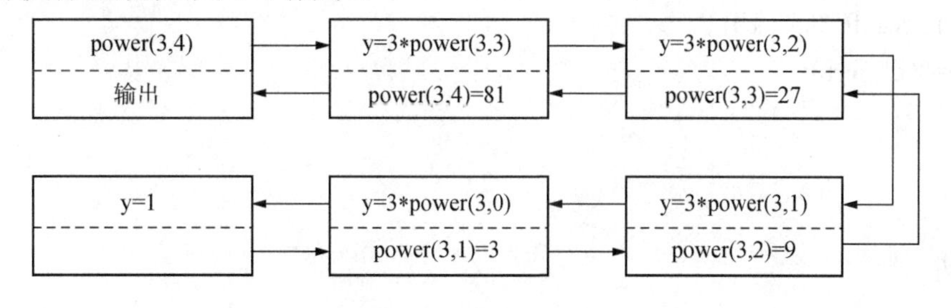

图 7-3 【例 7.8】程序的执行过程

递归调用的优点是使程序简洁、紧凑，但由于每次调用一个函数都需要存储空间来保存调用“现场”，以便后面返回，并且递归调用往往涉及同一个函数的反复调用，因此要占用很大的存储空间，特别是在递归调用次数较多的情况下，会导致程序运行速度较慢。

7.4.4 函数的嵌套调用

函数的嵌套调用是指在调用一个函数的过程中，又去调用另一个函数，其一般形式为：

```
main()
{
 …
 a();
 …
}
a()
{
 …
 b();
 …
}
b()
{
 …
}
```

这里，主函数调用了 a()函数，a()函数在执行的过程中又调用了 b()函数。每个被调用函数执行完之后，程序都将返回到调用该函数的地方继续往下执行。

【例 7.9】函数的嵌套调用示例。

```
#include <stdio.h>
main()
{
 int a,b;
 void head();
 head() ;
 printf("a=") ; scanf("%d",&a) ;
 printf("b=") ; scanf("%d",&b) ;
 printf("a+b=%d", a+b);
}
void head()
{
 void pstar();
 pstar() ;
 printf("    本程序的功能是求两个整数之和\n") ;
 pstar() ;
}
void pstar()
```

```
{
 printf("***********************************\n");
}
```

运行结果：

```
***********************************
   本程序的功能是求两个整数之和
***********************************
a=13 ↙
b=86 ↙
a+b=99
```

在该程序中，main 函数调用了 head()函数，head()函数又调用了 pstar()函数。pstar()函数执行完之后，程序返回到调用它的 head()函数中，继续执行调用处后面的语句。同样，head()函数执行完之后，程序返回到调用它的 main 函数中。

在本章上机实习三的算术练习题程序中，我们将看到函数嵌套调用的实际应用。

7.5 数组作为函数参数

在前面几节中，我们使用的函数参数均是简单变量类型，如 int、float、char 等。函数参数除可以是简单变量类型外，还可以是数组类型。数组类型作为函数参数分两种情况：一种是数组元素作为函数参数，另一种是数组名作为函数参数。

7.5.1 数组元素作为函数参数

数组元素可以作为函数的实参，这种用法与简单变量类型作为函数实参完全相同，这时函数的形参必须是简单变量类型。

【例 7.10】数组元素作为函数参数示例。

```
#include <stdio.h>
main()
{
 int a[3],i,s ;
 int sum(int,int,int);
 for (i=0;i<3;i++)
   scanf("%d",&a[i]) ;
 s=sum(a[0],a[1],a[2]) ;
 printf("s=%d",s) ;
}
int sum(int x, int y, int z)
{
 return x+y+z ;
```

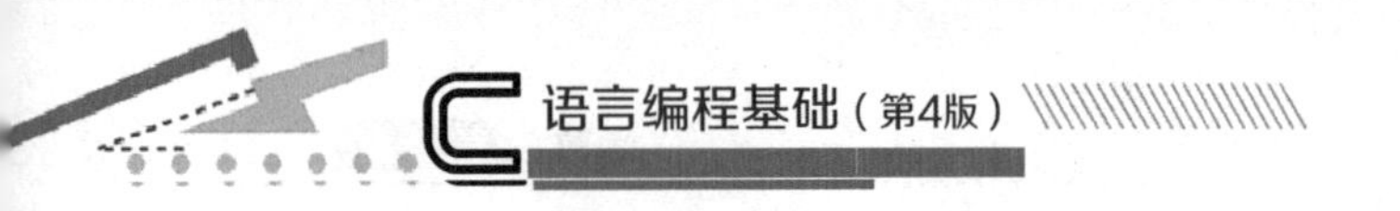


```
}
```

运行结果：

```
12  8  41 ↙
s=61
```

在该程序中，当 main()函数调用 sum()函数时以数组元素作为实参，此时 a[0]、a[1]和 a[2]的值分别传递给了形参 x、y 和 z。当数组元素作为函数实参时，参数的传递是单向的"值传递"。

7.5.2 数组名作为函数参数

当数组名作为函数参数时，实参和形参都应为数组名，此时，实参与形参的传递为"地址传递"。地址传递是指在调用函数时，系统并没有给形参数组分配新的存储空间，而只是将实参数组的首地址传送给形参数组，使形参数组与实参数组公用一个数组空间。因此，在函数中对形参数组的修改，就是对实参数组的修改。

【例 7.11】数组名作为函数参数。

```
#include <stdio.h>
void f(int b[2])
{
  int i;
  for (i=0 ; i<2 ; i++)
    b[i]=b[i]+1;          /* 改变数组 b 中各元素的值 */
}
main()
{
  int a[2],i ;
  for (i=0 ; i<2 ; i++)
     {
       printf("a[%d]=" , i) ;
       scanf("%d",&a[i]) ;        /* 输入数组 a 中各元素的值 */
     }
  f(a) ;   /* 以数组名 a 作为实参调用 f()函数 */
  for (i=0 ; i<2 ;i++)
     printf("a[%d]=%d\n" , i ,a[i]) ;   /* 输出调用 f()函数后数组 a 中各元素的值 */
}
```

运行结果：

```
a[0]=35 ↙
a[1]=21 ↙
a[0]=36
a[1]=22
```

在该程序中，由于实参数组 a 和形参数组 b 公用一组首地址相同的存储单元，因此，当数组 b 的元素的值发生改变时，数组 a 中对应元素的值也会发生相同的变化。

说明：

（1）用数组名作为函数参数时，应该在主函数和被调用函数中分别定义数组。实参数组和形参数组的类型应该一致。

（2）实参数组和形参数组的长度可以一致，也可以不一致。

（3）可不指定形参数组的大小，在定义形参数组时，在数组名后面跟一个空的方括号。为了在被调用函数中处理数组元素，可以另设一个参数，传递数组元素的个数。

例如，【例 7.11】可进行如下改写：

```
#include <stdio.h>
void f(int b[] , int n)
{
  int i ;
  for (i=0 ; i<n ; i++)
     b[i]=b[i]+1;        /* 改变数组 b 中各元素的值 */
}
main()
{
  int a[2],i ;
  for (i=0 ; i<2 ; i++)
     {
      printf("a[%d]=" , i) ;
      scanf("%d",&a[i]) ;        /* 输入数组 a 中各元素的值 */
     }
  f(a , 2) ;    /* 以数组名 a 作为实参调用 f()函数 */
  for (i=0 ; i<2 ;i++)
     printf("a[%d]=%d\n" , i ,a[i]) ;    /* 输出调用 f()函数后数组 a 中各元素的值 */
}
```

7.6 变量的作用域和生存期

7.6.1 变量的作用域

变量的作用域是指变量的有效范围。C 语言允许把一个大的程序分成几个文件，每个文件分别包含若干个函数，可以分别编译各个文件，再将它们连接到一起形成一个完整的可执行文件。程序中各个函数之间的通信可以通过参数传递来实现，也可以使用公共的数据来实现。那么，哪些数据可以被各个函数公用，而哪些数据又不能公用呢？这就涉及变量的作用域问题。

根据变量的作用域的不同，可将变量分为局部变量和全局变量。

1. 局部变量

局部变量是指在函数内部或程序块内定义的变量。局部变量只在定义它的函数或程序块内有效。在函数内定义的变量及形参均是局部变量。

例如：

```
main()
{
  int x,y;          /* x 和 y 是局部变量，在 main()函数内有效 */
  …
  {
    int i,j;        /* i 和 j 是局部变量，在复合语句中有效 */
    …
  }
}
fun(int a,int b)    /* 形参 a、b 是局部变量，在 fun()函数内有效 */
{
  int m,n;          /* m、n 是局部变量，在 fun()函数内有效 */
  …
}
```

【例 7.12】理解不同函数中的同名变量。

```
#include <stdio.h>
main()
{
  int x,y;
  void f();
  x=1; y=2;
  f();
  printf("x=%d，y=%d", x,y);
}
void f()
{
  int x,y;
  x=3; y=4;
}
```

运行结果：

```
x=1，y=2
```

在【例 7.12】的 main()函数和 f()函数中，分别定义了两组同名的局部变量 x 和 y。由于在 main()函数中定义的变量 x、y 只在 main()函数中有效，而在 f()函数中定义的变量 x、y 只在 f()函数中有效，这两组同名变量分别占用两组不同的存储单元，因此，在 f()函数中对 x、y 的赋值不会改变 main()函数中的 x、y 的值。

2. 全局变量

全局变量是指在所有函数之外定义的变量，其作用域是从定义点开始，直到程序结束。例如：

```
int x,y;    /* x 和 y 是全局变量，其作用域从此处开始，直到程序结束 */
main()
{
 …
}
int a,b;    /* a、b 是全局变量 */
fun1()
{
 …
}
fun2()
{
 …
}
```

（图示：从 int a,b; 到程序结束为“a、b 的作用域”；从 int x,y; 到程序结束为“x、y 的作用域”）

说明：设置全局变量的目的是增加函数之间数据联系的渠道。例如，当需要从一个函数带回多个返回值时，就可以使用全局变量。

【例 7.13】编写一个函数，求一组学生成绩的总成绩和平均成绩。

由于 return 语句只能从函数中带回一个返回值，因此总成绩和平均成绩不能都靠 return 语句返回。这里，我们可以利用全局变量的特点来解决这个问题，即使用 return 语句带回一个数据，而另一个数据则通过全局变量来传递。

```
#include <stdio.h>
float average ;    /* 在全局变量average中存放平均成绩 */
main()
{
 int i , num[100] , n , s ;
 int sum(int[], int);
 printf("输入学生人数：") ;
 scanf("%d",&n);
 printf("输入%d个学生的成绩：\n",n);
 for (i=0 ; i<n ; i++)
   {
    scanf("%d" , &num[i]) ;
   }
 s=sum(num,n) ;
 printf("总成绩 = %d\n" , s) ;
 printf("平均成绩 = %.2f\n" , average) ;
 }
```

```
int sum(int a[], int m)
{
 int i , s=0 ;
 for (i=0; i<m ; i++)
  s=s+a[i] ;
 average=(float)s/m ;
 return s ;        /* 返回总成绩 */
}
```

运行结果：

```
输入学生人数：5 ↙
输入5个学生的成绩：
82 75 86 91 83 ↙
总成绩 = 417
平均成绩 = 83.40
```

在该程序中，总成绩由sum()函数中的return语句返回，而平均成绩则由全局变量average带回到主函数中。

全局变量与局部变量可以同名，这时，在局部变量的作用域内，全局变量不起作用。

【例 7.14】全局变量与局部变量同名示例。

```
#include <stdio.h>
int a ;  /* 定义全局变量a */
main()
{
 void f();
 a=10 ;
 f() ;
 printf("a=%d\n",a) ;
}
void f()
{
 int a=20 ;      /* 定义局部变量a */
 printf("a=%d\n",a) ;
}
```

运行结果：

```
a=20
a=10
```

这个程序虽然在开始位置定义了全局变量a，但在函数f()中又定义了局部变量a。所以，凡是在f()函数中出现的变量a都是指局部变量a，而不是指全局变量a。一旦f()函数执行完毕，在该函数中定义的局部变量a就立即被释放。

7.6.2 变量的生存期

变量的生存期是指变量存在的时间长短，根据变量生存期的不同，可以将变量分为动态存储变量和静态存储变量。

动态存储是指在程序运行期间根据需要动态分配存储空间的存储方式，即需要时就分配存储空间，不需要时就释放存储空间。形参就属于动态存储变量。

静态存储是指在程序运行期间分配固定的存储空间的存储方式。全局变量就属于静态存储变量。

根据变量的作用域和生存期的不同，可以将变量分为4类存储类型，如表7-1所示。

表7-1 变量的存储类型

变量的存储类型	作用域	生存期	存储位置
auto	局部	动态	内存
register	局部	动态	寄存器
static	局部	静态	内存
extern	全局	静态	内存

1. auto 变量

auto 变量即自动变量，这种存储类型是C语言程序中使用最广泛的一种类型。C语言规定，函数内凡未加存储类型说明的变量均视其为自动变量，也就是说，自动变量可省去说明符 auto。

（1）自动变量属于局部变量，也就是说，在函数中定义的自动变量，只在该函数内有效，在复合语句中定义的自动变量只在该复合语句中有效。

（2）自动变量的存储类型属于动态存储方式，只有在定义该变量的函数被调用时，才给它分配存储空间，开启生存期，函数调用结束时会自动释放存储空间，结束生存期。

（3）由于自动变量的作用域和生存期都局限于定义它的函数或复合语句内，因此，在不同的函数和复合语句中可以定义同名的自动变量。

2. register 变量

register 变量即寄存器变量。一般情况下，寄存器变量的值是存放在内存中的。为了提高程序的执行效率，C语言允许将局部变量的值放在CPU的寄存器中，这种变量称为寄存器变量。通常，可以把一些使用频繁的变量定义为寄存器变量，以加快程序的执行速度。

寄存器变量使用关键字 register 声明，其一般形式为：

```
register 类型标识符 变量名 ;
```

（1）只有非静态的局部变量（包括形参）可以作为寄存器变量，而静态的局部变量和全局变量不能作为寄存器变量。例如，下面的定义是错误的：

```
register static int x ;
```

（2）一个计算机系统中的寄存器数目是有限的，因此，不能定义任意多个寄存器变量。

3. static 变量

static 变量即静态变量。静态变量可以是局部变量，也可以是全局变量。静态变量的特点是其值始终不变，也就是说，在一次调用到下一次调用之间保留原有的值。

静态变量使用关键字 static 声明，其一般形式为：

```
static 类型标识符 变量名；
```

（1）在函数内定义的静态变量（局部的静态变量），只能被本函数引用，而不能被其他函数引用，这一点与自动变量相同。与自动变量的区别是，自动变量在函数每次被调用时被初始化，而静态变量只在编译阶段被初始化一次，在函数执行结束后，静态变量的值仍然会保留。

【例 7.15】static 变量的应用示例。

```
#include <stdio.h>
main()
{
 void fun();
 fun();
 fun();
 fun();
}
void fun()
{
 static int x=1;   /* 定义静态的局部变量x，并初始化为1 */
 x++;
 printf("x = %d\n",x) ;
}
```

运行结果：

```
x = 2
x = 3
x = 4
```

在 fun()函数中定义的静态局部变量 x，在编译阶段被初始化为 1。当第一次调用 fun()函数时，经 x++;语句递增后，x 的值变为 2。第二次调用 fun()函数时，不再对静态局部变量 x 进行初始化，这时 x 的值为 2，递增后 x 的值为 3。

如果把 fun()函数中的关键字 static 去掉，那么程序的运行结果就会变成：

```
x = 2
x = 2
x = 2
```

（2）在函数外定义的全局静态变量，可以被各个函数引用。与一般的非静态的全局变量不同，静态的全局变量只能在定义它的文件中被访问，而一般全局变量可以在整个程序的所有文件中被访问。

4. extern 变量

extern 变量即外部变量，它是全局变量的另一种提法。外部变量在函数之外定义，它的作用域是从变量的定义处开始，一直到本程序的末尾。

（1）外部变量可以被程序中的各个函数所公用。

（2）一个函数可以使用在该函数之后定义的外部变量，在这种情况下，必须在该函数中使用 extern 声明要使用的外部变量已在函数的外部定义过了，以便让编译系统做出相应的处理。

【例 7.16】

```
#include <stdio.h>
main()
{
 void f();
 extern int a ;    /* 声明变量a是外部变量 */
 a=10 ;
 printf("a=%d\n",a);
 f();
 printf("a=%d\n",a);
}
int a ;
void f()
{
 a=20;
}
```

运行结果：

```
a=10
a=20
```

在这个程序中，如果把主函数中的 extern int a;语句去掉，那么编译时就会出现下面的出错信息：

```
[Error] 'a' was not declared in this scope
```

7.7 函数的作用域

一般情况下，一个函数可以被其他所有函数调用，即可以把函数看作全局的。但如果一个函数被声明成静态的，则该函数只能在定义它的文件中被调用，而其他文件中的函数则不能调用它。

根据函数是否能被其他文件中的函数调用，可将函数分为内部函数和外部函数。

7.7.1 内部函数

只能被本文件中的其他函数调用的函数，称为内部函数。内部函数的一般形式如下：

```
static 类型标识符 函数名（形参表）
```

例如：

```
static float max(float x , float y)
```

7.7.2 外部函数

除能被本文件中的其他函数调用外，还可以被其他文件中的函数调用的函数，称为外部函数。外部函数的一般形式如下：

```
extern 类型标识符 函数名（形参表）
```

例如：

```
extern float max(float x , float y)
```

如果在定义函数时既没有指定其为 static，也没有指定其为 extern，那么该函数默认为外部函数。本书前面用到的所有函数都是外部函数。

习题七

1. 填空题

（1）一个 C 程序由主函数和若干____________组成，各个函数在程序中的定义是____________的。

（2）当____________作函数参数时，实参与形参的传递为“地址传递”。

（3）根据变量的作用域的不同，可将变量分为__________变量和__________变量。根据变量生存期的不同，可以将变量分为__________变量和__________变量。

（4）static 变量的特点是________________________。

2. 选择题

（1）如果一个函数有返回值，那么这个函数只有________个返回值。

A. 1 B. 2 C. 3 D. 不确定

（2）下面关于空函数的定义，正确的是________。

A. int max(int x,int y) ;
B. int max(int x,int y) {}
C. int max(int x,y) {}
D. int max(int x; int y) {}

（3）下列描述错误的是________。

A. 函数调用可以出现在执行语句中

B. 函数调用可以出现在一个表达式中

C. 函数调用可以作为一个函数的形参

D. 函数调用可以作为一个函数的实参

（4）当调用一个不含 return 语句的函数时，下列说法正确的是________。

A. 该函数没有返回值

B. 该函数返回一个固定的系统默认值

C. 该函数返回一个用户所希望的函数值

D. 该函数返回一个不确定的值

（5）当数组名作为函数参数时，实参传递给形参的是________。

A. 数组元素的个数　　B. 数组的首地址

C. 数组第一个元素的值　　D. 数组中所有元素的值

3. 指出并改正下面的程序在函数定义或调用中的错误

（1）

```
main()
{
 int a ;
 …
 f(a);
 …
 }
 f(x)
 {…}
```

（2）

```
main()
{
  int a ;
  …
  f(a);
  …
}
f(float x)
{…}
```

（3）

```
main()
{
 void f() ;
 …
```

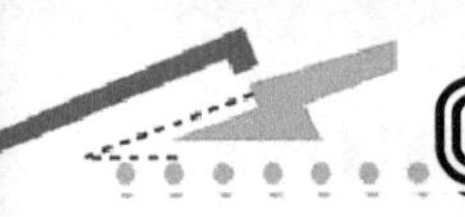


```
   m=f() ;
   …
  }
  void f()
  {…}
```

4. 分析下列程序，写出运行结果

（1）

```
#include <stdio.h>
main()
{
 int a=2,b;
 int f(int);
 b=f(a);
 printf("b=%d",b);
}
int f(int x)
{
 int y;
 y=x*x;
 return y;
}
```

（2）

```
#include <stdio.h>
main()
{
 int a,b ;
 void swap(int,int);
 printf("a=") ;
 scanf("%d",&a) ;
 printf("b=") ;
 scanf("%d",&b) ;
 swap(a,b) ;
 printf("a=%d,b=%d",a,b) ;
}
void swap(int x, int y)
{
 int t ;
 t=x ;
 x=y ;
 y=t ;
}
```

（3）

```
#include <stdio.h>
```

```
int x;
main()
{
 void f();
 x=1;
 f();
 x++;
 printf("x=%d",x);
}
void f()
{
 x++;
}
```

（4）

```
#include <stdio.h>
main()
{
  int i , num[5]={1,2,3,4,5};
  void f(int []);
  f(num);
  for (i=0 ; i<5 ; i++)
     printf("num[%d]=%d\n" , i , num[i]) ;
}
void f(int a[])
{
  int i ;
  for (i=0 ; i<5 ; i++)
     a[i]=a[i]+1 ;
}
```

5. 编程题

（1）编写一个判断奇偶数的函数，要求在主函数中输入一个整数，之后输出该数是奇数还是偶数的信息。

（2）输入一个以秒为单位的时间值，将其转换成“时:分:秒”的形式输出。将转换操作定义成函数。

（3）编写一个程序，显示如下菜单并实现相应的菜单选择功能。

```
***************************************
        1. 求整数n的立方
        2. 求整数n的立方根
        3. 结束程序
***************************************
```

要求：

① 前两个菜单功能分别由两个函数实现。

② 每个菜单功能执行完后均回到菜单，直到按数字3键结束程序的运行。

（4）用递归法求 $n!$（$n!=1\times2\times3\times\cdots\times n$）。

上机实习指导

一、学习目标

本章重点介绍C语言中函数的定义和调用方法，以及与函数有关的一些基本概念。

函数是C语言程序的基本组成单位。如果要解决的问题很简单，那么程序可能只需要一个主函数就能完成任务，但要解决一个复杂的问题，则程序中除必须有主函数外，还需要有其他函数共同分担任务。利用函数实现程序的模块化，使得复杂问题得以轻松解决，这是学习本章的根本目的。

通过学习本章，读者应掌握以下内容。

（1）进一步领会“函数是C程序的基本组成单位”这一特点，在实际编程中能利用函数实现程序的模块化。

（2）熟练掌握函数的定义和调用方法。

（3）理解变量的各种存储特点，掌握局部变量和全局变量的使用方法。

（4）理解主函数与被调用函数之间数据传递的特点。

二、主函数与被调用函数之间的数据传递途径

大多数情况下，都需要考虑主函数与被调用函数之间的数据传递。如调用一个函数时需要参数吗？函数是否有返回值？函数执行完后哪些变量的值发生了变化？等等。

主函数与被调用函数之间的数据传递有以下几种典型情况。

（1）主函数通过函数参数向被调用函数传递数据。

如果是基本数据类型的变量作为函数参数，那么数据的传递是单向传递，也称为值传递。这种情况下，数据只能由主函数传给被调用函数。

（2）被调用函数通过return语句向主函数传递数据。

函数的值可以通过return语句返回，在主函数中利用函数表达式即可得到函数的返回值。需要注意的是，通过return语句只能得到一个函数的返回值。

（3）利用全局变量实现主函数与被调用函数之间的数据传递。

由于全局变量在整个程序中可以被所有的函数使用，因此，利用全局变量可以很方便地实现主函数与被调用函数之间的数据传递和返回。特别是当你希望从被调用函数中得到一个

以上的返回值时，就可以使用全局变量来实现。

这里需要强调的一点是，不提倡大量使用全局变量。这是因为结构化程序设计要求各个函数模块之间的联系应尽可能地少，而使用全局变量则会增加各函数模块之间的联系。

（4）利用数组名作为函数参数，可实现双向数据传递。

数组名作为函数参数与基本数据类型变量作为函数参数相比，具有完全不同的特点。C语言规定，数组名代表数组的首地址，所以，当数组名作为函数参数时，是将该数组的首地址由实参传递给形参，即实参数组与形参数组会公用一个相同的数组首地址和一段相同的存储单元。所以，当形参数组元素的值发生改变时，实参数组元素的值也会随着改变。

上机实习一　函数的定义和调用

一、目的要求

（1）熟练掌握函数的定义和调用方法。

（2）在实际编程中能灵活运用函数参数和返回值实现函数之间的数据传递。

二、上机内容

1. 上机调试下面的程序，修改其中存在的错误

（1）

```
main()
{
float a,b,s;
scanf("%f%f",&a,&b);
s=sum(a,b);
printf("sum=%f",s);
}
sum(int x , y)
{
 int s;
 s=x+y;
 return s;
 }
```

（2）

```
main()
{
 int n;
 printf("n=%d",n);
```

```
 printstar(n);
 void printstar(n)
   {
    int i;
   for (i=1;i<=n;i++)
   printf("*");
  }
}
```

2. 运行下列程序，分析并观察运行结果

（1）

```
main()
{
  int x,y,z,t,m;
  scanf("%d,%d,%d",&x,&y,&z);
  t=max(x,y);
  m=max(t,z);
  printf("%d",m);
}
max(a,b)
int a,b;
{
  if (a>b) return(a);
  else return(b);
}
```

运行时输入：

```
10 , 35 , -20 ↙
```

（2）

```
main()
{
  int a[2];
  printf("a[0]="); scanf("%d",&a[0]);
  printf("a[1]="); scanf("%d",&a[1]);
  s(a);
  printf("a[0]=%d,a[1]=%d", a[0], a[1]);
}
s(int b[])
{
  int t;
  t=b[0];
  b[0]=b[1];
  b[1]=t;
}
```

3. 完善程序

下面程序的功能是，输入一个 ASCII 码值，输出从该 ASCII 码值开始的连续 10 个字符。在横线处填写正确的语句或表达式，使程序完整。上机调试程序，使程序的运行结果与给出的结果一致。

```
#include <stdio.h>
main()
{
  int ascii;      /* 变量ascii中存放输入的ASCII码值 */
  printf("输入ASCII码值：");
  ________________ ;
  put(_______);
}
put(n)
___________;
{
  int i,a;
  for (i=1;_______;i++)
    {a=n+i-1;
     putchar(_______);
    }
}
```

运行结果一：

```
输入ASCII码值：97 ↙
abcdefghij
```

运行结果二：

```
输入ASCII码值：33 ↙
!"#$%&'()*
```

上机实习二　局部变量和全局变量

一、目的要求

（1）理解局部变量和全局变量的概念及特点。

（2）能运用全局变量实现函数之间的数据传递。

二、上机内容

1. 上机调试下面的程序，修改其中存在的错误

（1）

```
#include <stdio.h>
main()
{
 int a=1,c;
 void func();
 func();
 c=a+b;
 printf("c=%d",c);
}
int b=2;
void func()
{
 b++;
}
```

（2）

```
#include <stdio.h>
int a,b;
main()
{
 int c;
 a=1;b=2
 c=sum(a,b);
 printf("c=%d",c);
}
sum(a,b)
{
 int s;
 s=a+b;
 return s;
}
```

2. 运行下列程序，分析并观察运行结果

（1）

```
#include <stdio.h>
main()
{
 int a;
 void f();
a=10;
```

```
  f();
  printf("a=%d\n",a);
 }
 void f()
 {
  int a;
  a=20;
  printf("a=%d\n",a);
 }
```

（2）

```
 #include <stdio.h>
 int x,y;
 main()
 {
  int n, s() ;
  x=1;y=2;
  n=x+y;
  printf("x=%d,y=%d,n=%d\n",x,y,n);
  n=s();
  printf("x=%d,y=%d,n=%d\n",x,y,n);
 }
 int s()
 {
  int z;
  x=3;y=4;
  z=x+y;
  return(z);
 }
```

（3）

```
 #include <stdio.h>
 int a=10;
 main()
 {
  void f();
  a-- ;
  f();
  printf("a=%d\n",a);
 }
 void f()
 {
  int a;
  a=15;
 }
```

3. 完善程序

在以下程序中，主函数调用了LineMax()函数，实现在N行M列的二维数组中，找出每一行上的最大值。

在程序中的横线处填写正确的语句或表达式，使程序完整。上机调试程序，使程序的运行结果与给出的结果一致。

```
# define N 3
# define M 4
#include <stdio.h>
int max[N];
main()
{
 int num[N][M]={12,35,2,65,33,68,2,5,1,56,3,10};
 void LineMax(int x[N][M]);
 int i;
 ________________________________;
 for (i=0;i<N;i++)
    printf("第%d行的最大值是%d\n",i+1,________________________);
}
void LineMax(int x[N][M])
{
 int i,j;
 for (i=0;i<N;i++)
   {
    max[i]=x[i][0];
    for (j=1;j<M;j++)
      if (x[i][j]>max[i]) ______________________________;
   }
 }
```

运行结果：

```
第1行的最大值是65
第2行的最大值是68
第3行的最大值是56
```

上机实习三　一个应用程序的设计

一、目的要求

（1）认识自顶而下的程序设计方法。

（2）在设计较复杂的程序时，能熟练运用函数实现程序的模块化。

（3）掌握标准菜单的实现方法，以及利用若干个函数分别实现菜单中各个选项功能的方法。

二、上机内容

在 7.1 节中，曾介绍过一个加、减、乘、除的算术练习题程序。在这里，我们分析这个程序的具体要求，并给出详细的模块结构图和部分源程序清单。上机试一试，你会发现这个程序既有趣味性，又有实用性。

1. 程序的功能

我们要设计的是一个帮助小学生进行算术练习的程序，它具有以下几项功能。

（1）提供加、减、乘、除四种基本算术运算的题目，每道运算题中的操作数是随机产生的，并且操作数是不超过两位数的正整数。

（2）练习者根据显示的题目输入自己的答案，程序自动判断输入的答案是否正确，并显示出相应的信息。如果练习者的答案错了，程序就发出“报警声”，并给出正确的答案。

（3）用菜单显示提供的四种算术运算。

2. 程序的模块结构

通常，可以在主函数中实现菜单功能。加、减、乘、除四种算术运算的出题与正误判断分别在四个函数模块中实现。这四个模块中有两个功能是公用的，即算术题目的显示和答错题时报警声的产生。因此，这两个公用的功能可以分别用两个函数实现，四个运算模块可调用这两个函数。

整个算术练习题程序的模块结构如图 7-4 所示。

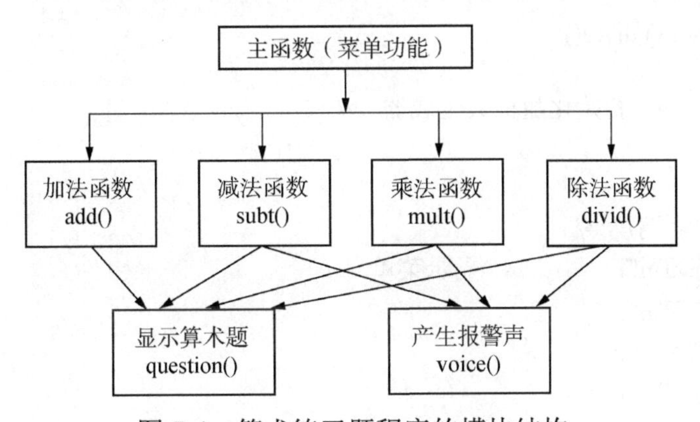

图 7-4 算术练习题程序的模块结构

3. 几个细节的考虑

（1）菜单的实现。

可以使用 switch 语句实现菜单的选择。为了方便程序的使用，每项运算功能执行完后，并不立即结束程序，而是又回到菜单，直到选择菜单中的“退出”选项时，才结束程序，可以通过循环结构实现。

（2）算术题目的随机产生。

可以利用 rand()函数解决随机出题的问题。rand()函数的调用格式是：

```
rand();
```

其返回值是一个 0 至最大随机数的伪随机整数。下面程序段的作用是生成不超过两位数的加法题（操作数的范围是 0～99）：

```
num1 = rand()%100 ;
num2 = rand()%100 ;
printf("%d + %d = " , num1 , num2) ;
```

需要注意的是，rand()函数生成的是伪随机整数，即随机整数生成器总是以相同的种子开始，形成的伪随机数列也相同。使用 srand()函数可以设置不同的随机数种子，通常用变化的数（如时间）来作为随机数生成器的种子，方法如下：

```
srand(time(0));
```

4. 部分源程序清单

程序中共有 7 个函数，下面只给出 main()、add()、question()和 voice()四个函数的清单，剩下的 subt()、mult()和 divid()三个函数为空函数，它们的具体内容由读者自己完成。要求整个程序上机调试通过。

```
#include <stdlib.h>
#include <time.h>
#include <stdio.h>
#include <conio.h>
#include <windows.h>
void question(int, int, char), voice();
main()
{
 void add(),subt(),mult(),divid();
 char choice;
 srand(time(0));        /* 初始化随机数生成器 */
 while (1)
   {
    system("cls");  /* 清屏 */
    printf("1.加法练习\n");          /* 显示菜单 */
    printf("2.减法练习\n");
    printf("3.乘法练习\n");
    printf("4.除法练习\n");
    printf("5.退    出\n");
    printf("请选择(1 2 3 4 5):");
    choice=getch();           /* 输入选择项 */
    switch(choice)
      {
       case '1': add();
                 break;
       case '2': subt();
                 break;
       case '3': mult();
                 break;
```

```
            case '4': divid();
                      break;
            case '5': exit(0);        /* 结束程序 */
            default : printf("选择有误！按任意键后重新输入……");
                 getch();
          }
      }
  }
  void add()
  {
   int i,num1,num2,answer;
   system("cls");
   for(i=1;i<=5;i++)        /* 出5道加法题 */
     {
      num1=rand()%100;
      num2=rand()%100;
      question(num1,num2,'+');
      scanf("%d",&answer);
      if (answer==num1+num2)
         puts("正确！");
      else
        {
         voice();
         printf("错了！正确答案是：%d\n",num1+num2);
        }
     }
   printf("\n加法练习做完了，按任意键返回菜单……");
   getch();
  }
  void question(int n1, int n2, char opt)
  {
   printf("%d %c %d =",n1,opt,n2);
  }
  void voice()
  {
   int i;
   for(i=1;i<=3;i++)      /* 连续以三种渐升的频率发声 */
      Beep(i*1000,100);  /* Beep()函数第一个参数为发声频率，第二个参数为持续时间（毫秒）*/
  }
  /*读者自己独立完成以下三个函数*/
  void subt()
  {}
  void mult()
  {}
  void divid()
  {}
```

第8章

文件是存储在外部存储设备（如磁盘）上的信息集合，一般可分为程序文件和数据文件。本章主要介绍如何使用和操作磁盘数据文件。

【本章要点】

（1）文件的存储方式与文件指针简介。

（2）文件打开函数与文件关闭函数的使用。

（3）文件的读/写操作。

（4）随机定位函数与随机读/写函数介绍。

【学习目标】

（1）了解C语言处理文件的类型及特点。

（2）掌握文件的打开和关闭方法。

（3）理解文件的读/写原理。

（4）能编写简单的文件操作程序。

【课时建议】

讲授2课时，上机2课时，机动2课时。

8.1 C语言文件概述

文件一般分为程序文件和数据文件。我们已经使用过程序文件了，程序文件是为了把输入计算机中的程序永久保存下来，而存放在外部存储介质上（磁盘、磁带或光盘）的文件。编译好的程序文件，需要时可随时调入内存运行；源程序文件，需要时可随时调入内存进行修改和调试，给用户带来很大的方便。这种存储在外部存储介质上的用户程序，就是程序文件。同样，在使用计算机的过程中，大量的计算结果和过程数据（数值和文字），也可以像程序那样被存储在外部存储介质上，用户可根据需要对其进行随时存取，这就是数据文件的概念。

本章主要介绍使用和操作磁盘数据文件。使用数据文件至少有三大好处：保存运算的中间结果或最终结果，方便使用；将数据独立于程序之外，便于多处、多人共享；事先保存所需数据，可以提高程序运行时的效率。

8.1.1 C 语言数据文件的存储方式及分类

C 语言数据文件在磁盘上有两种存储方式，一种按 ASCII 码存储，称作 ASCII 码文件（也叫作文本文件）；另一种按二进制码存储，称作二进制文件。

1. ASCII 码文件

ASCII 码文件的存储方式是，一个字节存放一个 ASCII 码，代表一个字符。其特点是便于字符的输入/输出处理，但占用空间较大；便于阅读、打印，但将其与内存中的数据进行交换时，需要对其进行转换，程序执行效率较低。

2. 二进制文件

二进制文件存储的都是 0、1 代码，一个字节并不对应一个字符。其特点是不适合阅读和打印，但占用空间较小；可将内存中的数据原样输出并保存在文件中，输入/输出时不需要进行转换，程序执行效率较高。

不管是 ASCII 码文件还是二进制文件，C 语言都将它们看作一个数据流，对文件的存取都是以字节（字符）为单位的，不像其他语言文件，有记录的界限，因此称这种文件为流式文件。流式文件允许存取单个字符，这就增加了处理的灵活性。

8.1.2 文件指针

在 C 语言中，对文件的操作都是通过标准函数实现的。同时，在使用文件操作函数时，必须定义一个文件指针变量，只有通过文件指针变量，才能找到与其相关的文件，实现对文件的访问。

定义文件指针变量的一般形式如下：

```
FILE *fp;
```

其中，fp 是文件指针变量名，它的类型是 FILE。C 语言在标准输入/输出定义文件 stdio.h 中，已经用类型定义语句把流式文件的类型定义为 FILE。FILE 是一个保存文件有关信息（如文件名、文件状态及文件缓冲区位置等）的结构体变量。C 语言规定，要使用一个文件，就要定义一个文件指针变量，若使用 *n* 个文件，就要定义 *n* 个指针变量，使它们指向 *n* 个文件，就像其他语言中的文件通道号，在文件读/写过程中，它们可以代表文件。

8.2 文件的打开与关闭

要对一个文件进行操作，必须先打开这个文件，使用完该文件后，还要关闭这个文件，以保证本次操作有效。

8.2.1 文件的打开（fopen()函数）

1. 打开文件的一般形式

```
<文件指针变量>= fopen(文件名,"方式");
```

例如：

```
fp=fopen( "c:\\data\\file.dat","w");
```

2. 说明

（1）fopen()函数有两个参数，以逗号隔开；调用该函数后返回一个地址值，可将该地址值通过赋值号“=”赋给<文件指针变量>。

（2）<文件指针变量>（如例子中的 fp）在使用前要进行定义，打开文件时，将它指向打开的文件，以便对文件进行读/写操作。

（3）“文件名”是字符串或字符串变量，若是字符串变量，则在使用前应赋值；在给文件名变量赋值或书写文件名字符串时，应包括盘符和路径；路径的分隔符为转义字符“\”，如"c:\\data\\…"；如果被打开的文件在当前磁盘的当前目录下，则盘符和路径可以省略。

（4）“方式”表示欲对所打开的文件进行的访问方式，如例子中的“w”，两边的双引号不能省略。文件打开方式的标识符和含义如表 8-1 所示。

表 8-1 文件打开方式的标识符和含义

标识符	含义	标识符	含义
r	打开一个 ASCII 码文件（只读）	r+	打开一个 ASCII 码文件（读/写）
w	创建一个 ASCII 码文件（只写）	w+	创建一个 ASCII 码文件（读/写）
a	打开一个 ASCII 码文件（追加）	a+	打开一个 ASCII 码文件（追加读/写）
rb	打开一个二进制文件（只读）	rb+	打开一个二进制文件（读/写）
wb	创建一个二进制文件（只写）	wb+	创建一个二进制文件（读/写）
ab	打开一个二进制文件（追加）	ab+	打开一个二进制文件（追加读/写）

当用“w”方式打开一个文件时，若已存在与该文件名相同的文件，则同名文件会被抹掉，重建一个新文件，若不存在该文件，则新建一个用该文件名命名的文件。

当用“r”方式或“a”方式打开一个文件时，该文件必须存在，否则会返回一个出错信息。

3. 应用举例

【例 8.1】以只读方式打开一个名为“AAA.TXT”的 ASCII 码文件，若该文件不存在，则返回一个提示信息。

```
#include <stdio.h>
main()
{
 FILE *fp;    /* 定义文件指针变量 fp */
 if ((fp=fopen("AAA.TXT","r"))==NULL)
    printf("打开文件失败！\n");
}
```

这是一种常见的打开文件的方式，即使用 if 语句检查指定文件是否存在。如果不存在，则 fopen()函数返回的地址值是 NULL（0 值），屏幕显示“打开文件失败！”，告知用户不能打开此文件。

【例 8.2】从键盘接收一个文件名以读/写，创建一个二进制文件。

```
#include <stdio.h>
main()
{
 FILE *fp1;                  /* 定义文件指针变量fp1 */
 char fn[13];                /* 定义字符数组fn */
 puts("输入文件名： ");      /* 提示输入文件名 */
 scanf("%s",fn);             /* 接收文件名 */
 fp1=fopen(fn,"wb+");        /* 创建一个二进制文件供读/写 */
}
```

8.2.2 文件的关闭（fclose()函数）

1. 关闭文件的一般形式

```
fclose(〈文件指针变量〉);
```

例如：

```
fclose(fp);
```

2. 说明

（1）文件指针变量是在文件打开之前定义的，打开文件后，它始终指向打开的文件；关闭文件就是使文件指针变量不再指向该文件，同时将尚未写入磁盘的数据（存在内存缓冲区中的数据）写入磁盘，从而保证写入文件的数据完整。

（2）作为良好的习惯，应该在文件操作完毕后及时关闭文件。在 C 语言中，打开文件时会建立一个文件内存缓冲区用于读/写数据，一般通过批处理方式对磁盘进行操作。当写数据时，一般写满缓冲区才向磁盘写一次，因此，若在缓冲区不满时结束操作，文件中的数据可能不全。在关闭文件时，不管缓冲区是否已写满，都要向磁盘文件中写一次，这样就能保证数据不丢失。

（3）不及时关闭文件，会造成两个不良的后果。

① 出现文件不够用的错误。

C 语言系统可以提供 20 个文件供用户使用，除有 5 个文件被系统的标准文件占用外，用户还可以使用 15 个文件。看着数量很大，但如果多次打开文件而不注意及时关闭，则仍然会出现文件不够用的情况。

② 系统自动关闭文件。

有时文件打开得太多，系统会自动关闭一些文件。这样关闭文件，可能会造成数据的丢失。

8.3 文件的读/写

建立和打开文件的目的是要对其进行读/写操作。C 语言提供了丰富的文件读/写操作函数，本节只介绍常用的字符、字符串及格式输入/输出等函数在文件中的读/写方法，其他函数的文件读/写方法可参考有关使用手册。

8.3.1 字符的读/写方法

fgetc()函数和 fputc()函数分别是从文件读取一个字符和向文件写入一个字符。它们的使用方法如下。

1. 向文件写入

fputc()函数的使用方法如下：

```
fputc(ch,fp);
```

其中，ch 是要写入的字符，它可以是字符型常量，也可以是字符变量；fp 是文件指针变量。fputc()函数执行成功，返回值是要输出的字符，否则返回值是 EOF（EOF 是符号常量）。

【例 8.3】向 A 驱动器的文件 w83.txt 中，写入单个字符 X。

```
#include  <stdio.h>
main()
{
 FILE *fp;                    /* 定义文件指针变量 fp */
 char c='X';
 fp=fopen("w83.txt","w");     /* 以只写方式创建并打开 w83.txt 文件 */
 fputc(c,fp);                 /* 将字符变量 c 的值即字符 X 写入文件 */
 fclose(fp);                  /* 关闭文件 */
}
```

当程序运行时，屏幕上没有输出信息，fputc()函数将字符 X 写入磁盘文件 w83.txt。该文件是一个文本文件，可以在 Windows 系统下打开该文件查看内容并进行验证。

【例 8.4】给文件追加字符。

在设计该程序时，应考虑打开已有的文件并向文件中添加字符的打开方式。

```
#include   <stdio.h>
main()
{
 FILE *fp;
 char a='Y', b='Z';             /* 初始化变量 a 和 b */
 fp=fopen("w83.txt","a");       /* 以追加方式打开文件 */
 fputc(a,fp);                   /* 写入字符Y */
 fputc(b,fp);                   /* 写入字符Z */
 fclose(fp);                    /* 关闭文件 */
}
```

请读者考虑，现在的 w83.txt 文件中应该存有什么内容。

2. 从文件读取

fgetc()函数的使用方法如下：

```
ch=fgetc(fp);
```

其中，ch 是字符变量；fp 是文件指针变量。fgetc()函数从指定文件中读出一个字符并赋给变量 ch。fgetc()函数执行成功，返回值是被读出的字符，遇到文件末尾或出错时返回值是 EOF。

【例 8.5】读出文件 w83.txt 中的字符并显示。

注 意

在设计该程序时，除应考虑打开已有的文件并从文件中读取字符的打开方式，还应考虑如何判断该文件是否存在。

```
#include <stdio.h>
#include <stdlib.h>
main()
{
 FILE *fp;
 if ((fp=fopen("w83.txt","r"))==NULL) /* 以只读方式打开文件并判断文件是否存在 */
 {
 printf("打开文件失败！ \n");
 exit(1);}
 char c;                              /* 定义字符变量c */
```

```
 while(c!=EOF)
 {
  c=fgetc(fp);                    /* 从文件中读出单个字符并赋给变量 c */
  putchar(c);                         /* 显示变量c的内容 */
 }
 fclose(fp);                          /* 关闭文件 */
}
```

该程序的运行结果是，在屏幕上显示字符 XYZ。EOF 是文件结尾标志，在此作为控制循环的条件。

8.3.2 字符串的读/写方法

fgets()函数和 fputs()函数分别用来从指定文件中读取一个字符串和写入一个字符串，其使用方法如下。

1. 从文件读取

fgets()函数的使用方法如下：

```
fgets(<字符串变量>,<字符串长度>,<文件指针变量>);
```

例如：

```
fgets(a,n,fp);
```

该函数从指定文件中读出一行以'\n'或 EOF 结尾的字符串，并将其赋给字符串变量。如果文件中字符串的长度大于设定的长度 n，则只读前 $n-1$ 个字符，读出的字符串以'\0'结尾并被放到字符串变量中。

2. 向文件写入

fputs()函数的使用方法如下：

```
fputs(<字符串变量>,<文件指针变量>);
```

例如：

```
fputs(a,fp);
```

该函数把给定的字符串写到指定的文件中，并输出一个换行符'\n'。字符串变量可以是指向字符串的指针或字符数组名。

【例 8.6】将字符串"Hello!"写入文件 w86.txt。

```
#include  <stdio.h>
main()
{
 FILE *fp;
 char a[]="Hello!";
 fp=fopen("w86.txt","w");
 fputs(a,fp);
 fclose(fp);
}
```

【例 8.7】读出 w86.txt 文件中的字符串并在屏幕上显示。

```
#include <stdio.h>
#include <stdlib.h>
main()
{
 FILE *fp;
 char a[100];                    /* 定义字符数组，用于存储字符串 */
 if ((fp=fopen("w86.txt","r"))==NULL)
  {
   printf ("打开文件失败！ \n");
   exit(1);}
   fgets(a,6,fp);                /* 在指定文件中读出 5 个字符 */
   printf("%s",a);
   fclose(fp);
}
```

该程序的运行结果是，在屏幕上显示字符串“Hello”。

【例 8.8】将多个字符串“大数据”“人工智能”“物联网”“云计算”写入文件 w88.txt。

```
#include  <stdio.h>
main()
{
 FILE *fp;
 char a[][10]={ "大数据","人工智能","物联网","云计算"};
 int i;
 fp=fopen("w88.txt","w");
 for(i=0; i<=3; i++)
 {
    fputs(a[i],fp);
    fputs("\n",fp);
 }
 fclose(fp);
}
```

请读者写出从 w88.txt 文件中读取多个字符串并在屏幕上显示的程序，之后上机调试该程序。

8.3.3 按格式的读/写方法

fscanf()函数和 fprintf()函数可以实现对文件按格式进行读/写，其使用方法如下：

```
fscanf (<文件指针变量>,<格式控制串>,<参数表列>);
fprintf (<文件指针变量>,<格式控制串>,<参数表列>);
```

其中，格式控制串的使用方法与 scanf()函数和 printf()函数的使用方法相同，所不同的是这两个函数的操作对象是文件。

【例 8.9】输入学生的姓名和成绩，并将输入的数据写入文件 w89.txt。

```
#include "stdio.h"
#include <stdlib.h>
```

```
main()
{
 char name[9];
 int score1,score2;
 FILE *fp;
 printf("输入学生姓名：");
 scanf("%s",name);
 printf("输入两门成绩：");
 scanf("%d%d",&score1,&score2);
 if ((fp=fopen("w89.txt","w"))==NULL)
  {
   printf("打开文件失败！\n");
   exit(1);
  }
  fprintf(fp,"%s %d %d\n",name,score1,score2);
  fclose(fp);
}
```

【例 8.10】从 w89.txt 文件中读出学生姓名和成绩，并在屏幕上显示出来。

```
#include "stdio.h"
#include <stdlib.h>
main()
{
 char name[9];
 int score1,score2;
 FILE *fp;
 if ((fp=fopen("w89.txt","r"))==NULL)
  {
   printf("打开文件失败！\n");
  exit(1);
  }
  fscanf(fp,"%s %d %d\n",name,&score1,&score2);
  printf("姓名：%s  成绩 1：%d  成绩 2：%d\n",name,score1,score2);
  fclose(fp);
}
```

注 意

使用 fscanf()函数可以从文件中读取字符串，只有遇到空格符、换行符或文件结束标志（EOF）等时，才结束字符串的读取。

本例能读出并显示正确结果，是因为在【例 8.9】中将姓名和成绩数据写入文件时，姓名和成绩之间是用空格符分隔的。如果姓名和成绩之间用逗号分隔，则在使用 fscanf()函数读取姓名时，会连同逗号及后面的成绩数据一起读出。

【例 8.11】将一批整数写入文件 w811.dat，之后依次从中读出数据并显示，直到数据读完。

```
#include   <stdio.h>
main()
{
 int i,b;
 FILE   *fp;
 int a[]= {1,10,50,100,500,1000,1500,23456};
 fp=fopen("w811.dat","wb");
 for(i=0; i<8; i++)                          /*循环写入数据*/
    fprintf(fp,"%d    ",a[i]);
 fclose(fp);
 fp=fopen("w811.dat","rb");
 while(!feof(fp))                            /*不是文件尾时读数据*/
   {
    fscanf(fp,"%d",&b);
    printf("%d    ",b);
   }
   fclose(fp);
}
```

该程序在屏幕上显示：

```
1  10  50  100  500  1000  1500  23456
```

在本例中使用的 feof()函数是文件尾检测函数，它既适用于二进制文件，也适用于文本文件。当文件位置指针已处于文件尾时，它返回一个非 0 值，否则返回 0。前面已经讲过，EOF 可作为文本文件的结束符，但它不能作为二进制文件的结束符。这是因为在 stdio.h 中它被定义为-1，是一个合法的二进制整数，而字符的 ASCII 码值不可能为-1，因此可以将它作为文本文件的结束标志（如【例 8.5】），而不能用作二进制文件的结束标志。

注意

8.1 节～8.4 节讲解了文件操作的完整过程：打开文件→对文件进行读/写→关闭文件。在编写有关文件操作的程序时，初学者容易犯的一个错误是，打开文件的模式和真正操作的模式不一致，这一点提醒读者特别注意。请看下面这段程序。

```
if((fp=fopen("test.dat","r")==NULL)
{
  printf("文件test.dat 打开失败！ \n");
  exit(1);}
ch=fgetc(fp);
while(ch!= '#')
{
 ch+=4;
 fputc(ch,fp);
 ch=fgetc(fp);}
…
```

该段程序以"r"方式——只读方式打开文件，而在进行文件操作时却既要进行读操作，又要进行写操作，显然这是不被允许的。请读者考虑应如何改正。

8.4 随机文件的读/写

C 语言对随机文件的读/写方法与有些语言对随机文件的读/写方法不同，它对打开文件操作没有特殊的规定，但提供了一些随机定位和读/写的函数，可以用于随机文件的读/写。

8.4.1 fseek()函数

对流式文件可以进行顺序读/写，也可以进行随机读/写，关键是控制文件的位置指针。文件中有一个位置指针，它总是指向当前的读/写位置。如果位置指针按字节顺序移动，就是顺序读/写；如果位置指针可以随意移动位置，就可以实现随机读/写。使用 fseek()函数就可以改变文件的位置指针，其应用的形式为:

```
fseek(<文件指针变量>,<位移量>,<起始点>);
```

其中，位移量的类型是长整型，指出从起始点算起，位置指针向前移动多少字节。起始点可使用符号常量和数值码代替，其意义如表 8-2 所示。

表 8-2 文件位置指针起始点的符号常量和含义

符号常量	数值码	含 义
SEEK_SET	0	从文件头开始
SEEK_CUR	1	从文件指针现在的位置开始
SEEK_END	2	从文件的末尾开始

例如：

```
fseek(fp,100L,0);
fseek(fp,100L,SEEK_SET);
```

以上两条语句都是合法的语句，它们的作用是将位置指针移到离文件头 100 字节处。

8.4.2 fread()函数与 fwrite()函数

fread()函数与 fwrite()函数是用于文件读/写的另外两个函数，适用于随机文件的读/写，其一般使用形式如下：

```
fread(ptr,size,n,fp);
fwrite(ptr,size,n,fp);
```

fread()函数从指定的文件（fp）中读 *n* 个数据块，数据块的长度为 size 字节，读到 ptr 指针所指的内存地址处。fwrite()函数从 ptr 指针所指的内存地址起，读 *n* 个长度为 size 字节的数据块，并将它们写到指定的文件中。

【例 8.12】将 3 个学生的序号、姓名、分数写入 w812.dat 文件。

```
#include <stdio.h>
#include <stdlib.h>
#define NUMB 3
main()
{
  int i, num;
  char name[10];
  float score;
  FILE  *fp;
  if((fp=fopen("w812.dat","wb"))==NULL)
  {
    printf("文件打开失败！ \n");
    exit(1);
  }
  printf("输入%d 个学生的序号、姓名和成绩：\n", NUMB);
  for(i=0; i<NUMB; i++)
  {
    scanf("%d%10s%f ",&num,name,&score);              /* 从键盘接收数据 */
    fwrite(&num,sizeof(int),1,fp);                   /* sizeof(int)返回int型数据长度 */
   fwrite(name,10,1,fp);                             /*写姓名字符串，10字节 */
   fwrite(&score,sizeof(float) ,1,fp);               /* sizeof(int)返回float型数据长度 */
  }
  fclose(fp);
}
```

【例 8.13】已知 w812.dat 文件中存有 3 个学生的数据，根据序号修改某学生的分数。

```
#include <stdio.h>
#include <stdlib.h>
main()
{
  int num, i;
  float score;
  FILE *fp;
  if ((fp=fopen("w812.dat","rb+"))==NULL)
    {
     printf("打开文件失败！ \n");
    exit(1);
    }
  printf("请输入序号: ");
  scanf("%d",&num);
  i=(10+sizeof(int)+sizeof(float))*(num-1) +(10+sizeof(int)); /* 计算序号为 num 的学生的分数在文件中的存
储位置 */
```

```
    printf("请输入新的分数: ");
    scanf("%f ",&score);
    fseek(fp,i,0);  /* 从文件头开始移动位置指针 i 个字节 */
    fwrite(&score,sizeof(float),1,fp);  /* 改写分数 */
    fclose(fp);
}
```

请读者思考为什么使用“rb+”方式打开文件。计算序号为 num 的学生的分数在文件中的存储位置的公式为什么是 i=(10+sizeof(int)+sizeof(float))*(num-1) +(10+sizeof(int))。

【例 8.14】使用 w812.dat 文件，输入序号，读出相应序号的学生的数据并显示。

```
#include <stdio.h>
#include <stdlib.h>
main()
{
  int num;
  char name[10];
  f loat score;
  int i;
  FILE *fp;
  if ((fp=fopen("w812.dat","rb"))==NULL)
    {
     printf("打开文件失败！ \n");
     exit(1);
    }
  printf("请输入序号: ");
  scanf("%d",&num);
  i=(10+sizeof(int)+sizeof(float))*(num-1);
  fseek(fp, i, 0);
  fread(&num,sizeof(int),1,fp);
  fread(name,10,1,fp);
  fread(&score,sizeof(float),1,fp);
  fclose(fp);
  printf("序号：%d  姓名：%s  成绩：%f ",num,name,score);
}
```

习题八

1. 填空题

（1）文件是存储在外部存储设备上的__________。一般分为______文件和______文件。

（2）C 语言文件在磁盘上有两种存储形式，一种按________，另一种按______。

（3）定义文件指针变量的形式为______________。

（4）feof()函数是______检测函数，当文件位置指针处于____时，它返回一个____值。

（5）对流式文件可以进行顺序读/写，也可以进行随机读/写，关键是________。

2. 简答题

（1）使用存储在外部存储介质上的数据文件主要有几大好处？分别是什么？

（2）ASCII 码文件与二进制文件有什么不同？各自的特点是什么？

（3）请解释使用 w、r、a、wb、rb+方式打开文件时分别代表什么意思。

（4）操作完文件以后应及时关闭，其意义何在？

（5）为什么读二进制文件时使用 feof()函数检测文件末尾，而不使用 fgetc()函数检查 EOF 标志？

3. 程序改错

（1）从键盘输入一些字符，将它们逐个写入磁盘文件 xt1.txt，直到输入一个“#”符号。

```
#include <stdio.h>
#include <stdlib.h>
main()
{
 FILE *fp;
 char c;
 if ((fp=fopen(" xt.txt ","r"))==NULL)
  {
   printf("文件打开失败！ \n");
   exit(1);}
  while(c=getchar()!= '#' )
   fgetc(fp);
 fclose(fp);
}
```

（2）假设文件 xt2.txt 中存放了一组整数数据，从文件中读并统计其中正数、负数和零的个数，在屏幕上显示。

```
#include <stdio.h>
#include <stdlib.h>
main()
{
 FILE   *fp;
 int z=0,f=0,l=0,i=0;
 if ((fp=fopen(" xt2.txt","w"))==NULL)
   {
    printf("文件打开失败！ \n");
   exit(1);}
while(feof(p)==1)
  {
    fscanf(p,"%d",&I);
```

```
        if(i>0)z++;
          else if(i=0)f++;
        else l++;
    }
  fclose(p);
  printf("正数z=%d,负数f=%d,零l=%d",z,f,l);
}
```

4. 编写程序

（1）编写将两个字符串写入文件 LX1.txt 的程序。

（2）编写将（1）题的两个字符串从 LX1.txt 文件中读出的程序。

（3）将整数 100、200、300 写入文件 LX2.txt，要求每写完一个数据就换行。

（4）读出文件 LX2.txt 中的数据并求它们的和。

（5）将 8、2、6、4、5、9、1、3、7、4 共 10 个整数写入文件 LX3.txt。

（6）使用第（5）题中的 LX3.txt 文件，输入数值 i，读出文件中第 i 个数据并显示。

上机实习指导

一、学习目标

本章主要介绍使用与操作磁盘数据文件，包括有关文件的一些基本概念、文件的打开与关闭、文件的读/写方法等。通过学习本章，读者应掌握以下内容。

（1）了解 C 语言处理文件的类型及特点。

（2）掌握文件的打开和关闭方法。

（3）理解文件的读/写原理。

二、应注意的问题

（1）打开文件时要注意文件路径中分隔符的写法。

使用 fopen()函数打开文件时，可以在文件名参数中指定盘符和路径，但要注意的是，路径分隔符必须是“\\”而不是“\”（因为 C 语言中的转义字符以“\”开头）。例如，若以只读方式打开 D 盘根目录中 DATA 子目录下的 STU.DAT 文件，应该写成：

```
fp=fopen("d:\\data\\stu.dat","r");
```

（2）执行完文件的读/写操作后要及时关闭文件。

在编写程序时，打开文件这个步骤一般是不会忘掉的，因为不打开文件就无法进行读/写操作，而关闭文件的操作却常常被忽略。不及时关闭文件会导致丢失数据或出现文件不够用的错误信息，因此，执行完文件的读/写操作后，一定要及时使用 fclose()函数关闭文件。

上机实习一　文件的顺序读/写

一、目的要求

（1）掌握文件打开与关闭的方法。

（2）弄清楚如何进行文件的顺序读/写。

二、上机内容

1. 建立和运行给定程序，分析并观察运行结果

（1）将习题八中的第 3 题的第（1）小题需要改正的错误修正，之后上机调试运行。

运行时输入：

```
abcdefgh ↙
12345 ↙
ABCD# ↙
```

（2）下面程序的功能是，输入一个文件名，显示该文件的内容。

```
#include <stdio.h>
#include <stdlib.h>
main()
{
  char ch，*filename;
  FILE *fp;
  printf("输入文件名：");
  gets(filename);
  if ((fp=fopen(filename，"r"))==NULL)
  {
    printf("打开文件失败！");
    exit(1);
  }
  printf("文件%s 的内容为：n"，filename);
  while(!feof(fp))
  {
    ch=fgetc(fp);
    putchar(ch);
  }
  fclose(fp);
}
```

运行结果：

```
输入文件名：xt1.txt ↙
文件 xt1.txt 的内容为：
```

```
abcdefgh
12345
ABCD
```

2. 完善程序

根据程序的功能，在程序中的横线处填写正确的语句或表达式，使程序完整。上机调试运行，使结果与题目要求相符。

（1）将输入的一组学生姓名和两门成绩顺序存入磁盘文件。

```
#include <stdio.h>
main()
{
  char *filename，*name;
  FILE *fp;
  int i，n，s1，s2;
  printf("输入存盘文件名：");
  gets(filename);
  printf("输入学生数：");
  scanf(" %d ",&n);
  ____________________；/*以写入方式打开文件*/
  for(i=1；i<=n；i++)
  {
    printf(" %d: ",i);
   scanf(" %s%d%d "),name,&s1,&s2);
   ____________________；/*将输入的数据写入文件*/
  }
_______________；/*关闭文件*/
}
```

运行结果：

```
输入存盘的文件名：student.dat ↙
输入学生人数：3 ↙
1：张三 67 73 ↙
2：李四 86 90 ↙
3：王五 89 91 ↙
```

要求存入文件数据的格式与输入数据的格式相一致。

（2）输入学生姓名，在文件 student.dat 中查找并显示该学生的姓名及两门成绩。

```
#include <stdio.h>
#include <stdlib.h>
main()
{
  char *filename，*name;
  FILE *fp;
  int s1,s2;
  printf("输入读取数据的文件名:");
  gets(filename);
  if(____________________)
```

```
    {
     printf("打开文件失败！");
     exit(1);
    }
  printf("输入要查找的学生姓名:");
  gets(stuname);
  f=0;
  while(!feof(fp))
    {
      fscanf( ____________________,name,&s1,&s2);
      if(strcmp(name, stuname)==___ )
      {
        printf("%s 的两门成绩如下：\n", name);
        ___________________________;          /*打印成绩*/
      f=1;
      _______________;      /*终止循环*/
      }
    }
    if(f==___ ) printf("找不到该学生的相关数据！");
    fclose(fp);
}
```

运行结果之一：

```
输入读取数据的文件名：student.dat ↙
输入要查找的学生姓名：李四 ↙
李四的两门成绩如下：
86，90
```

运行结果之二：

```
输入读取数据的文件名：student.dat ↙
输入要查找的学生姓名：赵六 ↙
找不到该学生的相关数据！
```

3. 选做题：上机运行【例 8.8】，并按题后要求写出从文件中读取数据的程序以进行验证

上机实习二　文件的随机读/写

一、目的要求

熟悉文件的位置指针的用法及随机文件的读/写原理。

二、上机内容

1. 运行程序，分析并观察运行结果

下面程序中所使用的文件 xt1.txt，为本章上机实习一中创建的同名文件，其初始数据为

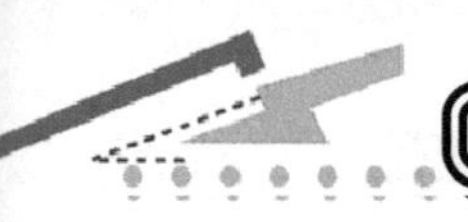

原输入数据。

（1）

```
#include <stdio.h>
#include <stdlib.h>
main()
{
  FILE *fp;
  char ch;
  long n;
  n=5;
  if((fp=fopen("xt1.txt","r"))==NULL)
    {
      printf("打开文件失败！");
      exit(1);
    }
  fseek(fp, n, 0);
  ch=fgetc(fp);
  putchar(ch);
  fclose(fp);
}
```

（2）

```
#include <stdio.h>
#include <stdlib.h>
main()
{
  FILE *fp;
  char ch;
  long n;
  if((fp=fopen(" xt1.txt","r+"))==NULL)
    {
      printf("打开文件失败！");
        exit(1);
    }
  printf("输入要修改字符的位置:");
  scanf("%ld", &n);
  printf("输入新的字符:");
  ch=getch();
  fseek(fp,n-1,0);
  fputc(ch,fp);
  fclose(fp);
}
```

若输入要修改字符的位置为5，输入新的字符为X，则该程序运行完后进入DOS状态，使用 type xt1.txt 命令显示该文件的内容，观察其变化。

2. 完善程序

下面程序的功能是，显示 xt1.txt 文件中从第 *n* 个字符开始的连续 3 个字符。在程序的横线处填写正确的语句或表达式，使程序完整。上机调试运行，使结果与题目要求相符。

```
#include <stdio.h>
#include <stdlib.h>
main()
{
  FILE *fp;
  char ch;
  long n;
  int i;
  if(____________________________)
    {
      printf("打开文件失败！");
      exit(1);
    }
  printf("输入字符位置:");
  scanf("%ld",&n);
  ____________________;      /*移动文件的位置指针*/
  for(i=1; i<=3; i++)
    {
      ch=getch();
      printf("%c\n",ch);
    }
  __________________;        /*关闭文件*/
}
```

若文件 xt1.txt 的内容为：

```
abcdefgh
12345
ABCD
```

则运行结果：

```
输入字符位置：4 ↙
d
e
f
```

第 9 章

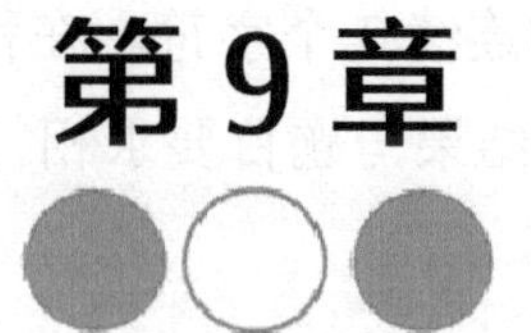

编译预处理

C 语言提供了编译预处理功能，该功能是对 C 语言的一种扩充。编译预处理命令以“#”开头，它们可以出现在程序的任何地方，但均在编译之前被处理。编译预处理属于 C 语言编译系统的一部分。C 语言程序中的编译预处理命令，在 C 语言编译系统对源程序进行编译之前，先被编译预处理程序“预处理”，然后编译系统将预处理结果和源程序一起编译，得到目标代码文件。使用编译预处理命令，对提高程序的可读性、可移植性、灵活性及节省程序开发成本都有重要的意义。

【本章要点】

（1）宏定义的意义和用法。

（2）文件包含和条件编译的使用方法。

【学习目标】

（1）灵活掌握无参宏和有参宏的使用方法。

（2）掌握文件包含和条件编译的使用方法。

【课时建议】

讲授 2 课时。

9.1 宏定义

宏定义是使用编译预处理命令#define 实现的，分为带参数的宏定义与不带参数的宏定义两种形式。

9.1.1 不带参数的宏定义

不带参数的宏的一般形式为：

```
#define  宏名  字符串
```

只要是以“#”开头的均为编译预处理命令。define 为宏定义命令，其中的宏名是一个标识符，字符串可以是常量、关键字、完整的语句或表达式等。在进行编译预处理时，预处理程序把源文件中出现的宏名都用字符串来代替。字符串也可以为空，表示从源文件中删除所定义的宏名。

【例 9.1】不带参数的宏定义。

```
#define PI 3.1415926
#define R 3.1
#include <stdio.h>
main()
{
 float s;
 s=2*PI*R;
 printf("result is %f\n",s);
}
```

经过编译预处理后得到如下程序：

```
main()
{
 float s;
 s=2*3.1415926*3.1;
 printf("result is %f\n",s);
}
```

（1）宏名通常使用大写字母，以便与程序中的其他标识符进行区别。

（2）宏定义用宏名代替一个字符串，只是进行简单的替换，不进行语法检查，只有在编译已被宏展开的源程序时才报错。

（3）字符串可以是一个关键字、某个符号或空。例如：

```
#define BOOL   int
#define BEGIN {
#define END    }
#define DO
```

（4）一个宏名一旦被定义，在没有消除该定义之前，它就不能再被定义为其他不同的值，其作用域从定义的地方开始到该源文件的结尾。

（5）#undef 命令可以取消宏定义的作用域。若一个宏名被消除了原来的定义，便可被重新定义为其他的值。例如，在程序中定义：

```
#define   YES 1
```

后来又用下列宏定义取消其定义：

```
#undef   YES
```

那么，程序中再出现 YES 时，就是未定义的标识符了。也就是说，YES 的作用域从定义它的地方开始到#undef 之前结束。

（6）在进行宏定义时，可以使用已定义过的宏名。例如：

```
#define MESSAGE  "this is a string"
#define PRN  printf(MESSAGE)
```

9.1.2 带参数的宏定义

C 语言允许宏带参数。宏定义中的参数称为形参，宏调用中的参数称为实参。对于带参数的宏，在调用过程中不仅要展开宏，而且要用实参代替形参。

带参数的宏定义的一般形式为：

```
#define  宏名(形参表)  字符串
```

在字符串中应包含参数表中所指定的形参。例如：

```
#define  SUM(x,y)  x+y
```

在这个宏定义中，x、y 是形参。

下面我们来看一个完整的程序。

【例 9.2】带参数的宏定义。

```
#define PI  3.1415926
#define AREA(x)  PI*x*x
#include <stdio.h>
main()
{
 float r,s;
 r=2.5;
 s=AREA(r);
 printf("%f\n",s);
}
```

对于带参数的宏，在进行宏替换时，按#define 命令行中指定的字符串从左向右进行替换。若遇到形参字符就用程序中相应的实参来代替。若遇到的字符不是形参，则保留原样。上面的程序经编译预处理后实际上是下面这个程序。

```
main()
{
 float r,s;
 r=2.5;
 s=3.1415926*r*r;
 printf("%f\n",s);
}
```

（1）对带参宏进行定义时，宏名与形参表之间不能有空格，否则会将空格以后的字符都作为替换字符串的一部分，这样就成为不带参数的宏定义了。例如：

```
#define  S  (x)  PI*x*x
```

定义的 S 为不带参数的宏名，它代表字符串“(x) PI*x*x”。

（2）要用括号将整个宏和各参数全部括起来（用括号完全是为了保险一些）。

【例 9.3】先看使用括号的例子，这样会得到正确结果（如求 27 被 3 的平方除）。

```
#define  AREA(x)  ((x)*(x))
#include <stdio.h>
main()
{
 printf("AREA=%5.1f\n",27/AREA(3.0));
 printf("AREA=%5.1f\n",27/AREA(1.0+2.0));
}
```

运行结果：

```
AREA=  3.0
AREA=  3.0
```

【例 9.4】不用括号的例子（如要求 27 被 3 的平方除）。

```
#define  AREA(x)  x*x
#include <stdio.h>
main()
{
 printf("AREA=%5.1f\n",27.0/AREA(3.0));
 printf("AREA=%5.1f\n",27.0/AREA(1.0+2.0));
}
```

运行结果：

```
AREA= 27.0
AREA= 31.0
```

不用括号运行结果不同的原因在于，未使用括号时，第一个 printf()函数输出的是 27.0/3.0*3.0。由于运算符/和*的优先级一样高，结合方向从左到右，因此得到结果 27.0。第二个 printf()函数输出的是 27.0/1.0+2.0*1.0+2.0。由于运算符/和*的优先级高，因此先计算/和*，再计算 27.0+2.0+2.0，得到结果 31.0。

（3）从上面的例题可以看到，宏调用与函数调用非常类似，但它们实际上不是一回事，这是需要读者特别注意的一点。分析下面两个例子，看一看它们的区别就明白了。

【例 9.5】利用函数调用输出 1 到 10 的平方。

```
#include <stdio.h>
int square (int n)
 {
  return(n*n);
 }
 main()
 {
  int  i=1;
  while (i<=10)
    printf("%d\t",square(i++));
 }
```

运行结果：

```
1  4  9  16  25  36  49  64  81  100
```

【例 9.6】利用宏定义对上面的程序进行改写。

```
#define square(n)   ((n)*(n))
#include <stdio.h>
main()
{int   i=1;
 while (i<=10)
  printf("%d\t",square(i++));
 }
```

运行结果：

```
2        12        30        56        90
```

显然，这不是我们期望得到的结果。原因在于每次循环时，square(i++)经宏替换后变为(i++)*(i++)。在输出一个数的平方后，i 增加了 2，所以程序在输出 2、12、30、56、90 后就结束了。

注 意

编译预处理程序在用一个字符串代替另一个字符串时，完全是原封不动地进行替换，不做任何检查。

9.2　文件包含

9.2.1　使用形式

编译预处理程序中的“文件包含”是指一个源文件可以将另一个源文件的全部内容包含进来，即将另外的文件包含到本文件中。文件包含的命令形式有如下两种。

形式 1：#include　<filename>

形式 2：#include　"filename"

其中，filename 是一个现存的文件，其扩展名一般是“.h”。

形式 1 中使用尖括号< >通知编译预处理程序，按系统规定的标准方式检索文件目录。例如，使用系统的 PATH 命令定义路径，编译预处理程序按此路径查找指定的文件，一旦找到与该文件名相同的文件，便停止搜索。如果路径中没有指定该文件所在的目录，那么即使文件存在，系统也将给出文件不存在的信息，并停止编译。

形式 2 中使用双引号(" ")通知编译预处理程序，先在原来的源文件目录中检索指定的文件，如果找不到，则按系统指定的标准方式继续查找。

编译预处理程序在对 C 源程序文件进行扫描时，如果遇到#include 命令，则将指定的文件内容替换到源文件的#include 命令行中。

文件包含也是一种模块化程序设计的手段。在程序设计中，可以把一些具有公用性质的变量、函数的定义或说明及宏定义等连接在一起，单独构成一个文件。使用#include 命令把它包含在所需的程序中，这样就增加了程序的可移植性和可修改性。例如，在开发一个应用系统的过程中，若定义了许多宏，则可以把它们收集到一个单独的头文件中（如 user.h）。假设 user.h 文件中包含如下内容：

```
#include  <stdio.h>
#include  <string.h>
#include  <malloc.h>
#define  FALSE  0
#define  NO  0
#define  YES  1
#define  TRUE  1
#define  TAB  '\t'
#define  NULL  '\0'
```

当某程序需要用到上面这些宏定义时，可以在源程序文件中包含该文件，例如：

```
#include  "user.h"
```

9.2.2 使用说明

（1）一个文件包含命令一次只能指定一个被包含文件，若要包含 *n* 个文件，则要使用 *n* 个文件包含命令。

（2）在使用文件包含命令时，要注意尖括号<filename>和双引号"filename"两种形式的区别。

（3）文件包含可以嵌套，即在一个被包含文件中还可以包含另一个被包含文件。例如，在文件 user.h 中又使用包含命令将文件 stdio.h、string.h 和 malloc.h 包含进来。

（4）被包含文件（stdio.h、string.h 和 malloc.h）与其所在的包含文件（user.h）在编译预处理后构成一个文件。因此，在使用文件包含命令#include "user.h" 后，头文件 stdio.h、string.h 和 malloc.h 中的宏定义等内容就在头文件 user.h 中有效了，不必再定义。

9.3 条件编译

C 语言的编译预处理程序提供了条件编译的功能，读者可以按不同的条件去编译段部分，生成不同的目标代码文件。这对于程序的移植和调试是很有用处的。条件编译有以下 3 种形式，下面分别介绍。

9.3.1 条件编译形式 1

```
#ifdef 标识符
    程序段1
  #else
    程序段2
  #endif
```

当编译预处理程序扫描到#ifdef 时，判断其后面的标识符是否被定义过（一般使用#define 命令定义），之后选择对哪个程序段进行编译。对于#ifdef 形式而言，若标识符在编译命令行中已被定义，则条件为真，编译程序段 1；否则，条件为假，编译程序段 2。#else 部分可以省略，若被省略，并且标识符在编译命令行中没有被定义，就没有语句被编译。

【例 9.7】#ifdef 的应用。

```
#ifdef  IBM_PC
   #define  INTEGER_SIZE  16
#else
   #define  INTEGER_SIZE  32
#endif
```

若 IBM_PC 在前面已被定义过，如“#define　IBM_PC　0;”。

则编译命令行：

```
#define  INTEGER_SIZE  16
```

否则，编译命令行：

```
#define  INTEGER_SIZE  32
```

这样，不对源程序进行任何修改就可以将它用于不同类型的计算机系统。

9.3.2 条件编译形式 2

```
#ifndef  标识符
    程序段1
  #else
    程序段2
  #endif
```

与形式 1 的区别是，形式 2 将“ifdef”改为“ifndef”。它的功能是，若标识符没有被定义，则条件为真，编译程序段 1；否则，条件为假，编译程序段 2。#else 部分也可以省略。

若用# ifndef 形式实现【例 9.7】，只需改写成下面的形式，其作用完全相同。

【例 9.8】用#ifndef 改写【例 9.7】。

```
# ifndef  IBM_PC
   #define  INTEGER_SIZE  32
# else
   #define  INTEGER_SIZE  16
# endif
```

9.3.3 条件编译形式 3

```
#if  标识符
      程序段1
    #else
      程序段2
    #endif
```

当编译预处理程序扫描到#if 时，计算表达式的值是否为真（非零）。若为真，则编译程序段 1，否则编译程序段 2。如果#else 部分被省略，则当表达式的值为假时没有语句被编译。

【例 9.9】#if 应用。

```
#if  X
    printf("|x|=%d",X);
#else
    printf("|x|=%d",-X);
#endif
```

在该例运行时，根据 X 的值是否为真（非零），决定对哪个 printf()函数进行编译，而不编译其他的语句（不生成代码）。

对于上面的例子，不用条件编译而直接用条件语句也能达到想要的效果。那么使用条件编译有什么好处呢？使用条件编译可以减少编译的语句，从而减少目标代码的长度。当条件编译段较长时，使用条件编译目标代码的长度就可以大大减少。

在调试程序时，我们常常希望输出一些信息，而在调试完成后不再输出这些信息。对于这种情况，可以在源程序中插入如下的条件编译：

```
# ifdef  DO
   printf("a=%d,b=%d\n",a,b);
# endif
```

如果在前面定义过标识符“DO”，则在程序运行时会输出变量 a、b 的值，以便在程序调试时进行分析。调试完成后只要将定义标识符“DO”的宏定义命令删除即可。

【例 9.10】输入一个数值，根据需要设置条件编译，使之能以该数值为半径输出圆的面积，或以该数值为边长输出正方形的面积。

```
#define R 1
#include <stdio.h>
main()
{
 float c,r,s;
 printf ("输入一个数：  ");
 scanf("%f",&c);
 #ifdef  R
    r=3.14159*c*c;
    printf("半径为%.2f的圆面积为：  %f\n",c,r);
```

```
#else
    s=c*c;
    printf("边长为%.2f 的正方形面积为： %f\n",c,s);
#endif
}
```

本例采用了第一种形式的条件编译。在程序第一行的宏定义中，定义了宏 R，因此在条件编译时，要编译#ifdef 后的程序段，故计算并输出圆面积。课后请读者用其他两种形式改写【例 9.10】，检查运行结果是否相同。

习题九

1. 选择题

（1）将 C 语言库函数中的数学函数库的头文件包含到程序中，应在程序的头部加上（　　）。

A. #include "stdio.h"　　B. #INCLUDE "stdio.h"

C. #include "math.h"　　D. #define "math.h"

（2）欲将一个文件 file.c 包含到程序中，应该在程序的头部加上（　　）。

A. #include "file.c"　　B. #INCLUDE "FILE.C"

C. include "file.c"　　D. 什么也不加

（3）对于文件包含，当#include 后面的文件名使用双引号（" "）括起来时，寻找被包含文件的方式为（　　）。

A. 直接按系统设定的标准方式搜索目录

B. 先在源程序所在目录搜索，再按系统设定的标准方式搜索

C. 仅搜索源程序所在的目录

D. 仅搜索当前目录

（4）在 C 语言中，编译预处理命令都是以（　　）符号开头的。

A. $　　B. #　　C. &　　D. *

2. 分析下列程序，写出运行结果

（1）

```
#include <stdio.h>
#define  S(x)  x*x
main()
{
  int a,k=3;
  a=S(k+1);
  printf(“a=%d\n”,a);
}
```

（2）

```
#include  <stdio.h>
#define  MIN(x,y)  (x)<(y)?(x):(y)
main()
{
 int i,j,k;
 i=5; j=30;
 k=100*MIN(i,j);
 printf("%d\n", k);
}
```

（3）

```
#include <stdio.h>
#define  A  3
#define  B  5
#define  PRINT  printf("\n")
#define  PRINT1  printf("%d", A*B); PRINT
#define  PRINT2(x,y)  printf("%d",x*y)
main()
{
  PRINT1;
 PRINT2(A+1,B+1);
 }
```

（4）

```
#include <stdio.h>
#define  N  2
#define  M  N+1
#define  NUM  (M+1)*M/2
main()
{
  int i;
  for(i=1;i<=NUM;i++)
    printf("%d",i);
}
```

3. 编程题

（1）输入两个整数，求它们相除的余数，用带参数的宏来实现。

（2）定义一个交换两个参数值的宏，并写出程序。输入三个数，之后利用宏按从大到小的顺序输出。

（3）利用条件编译方法编写程序。输入一行字母，使之能将字母全部大写输出或全部小写输出。

第 10 章

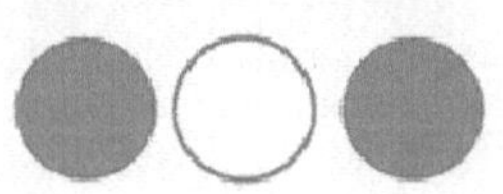

指　　针

指针是 C 语言中一种特殊的数据类型，它存储的是数据的地址，而不是数据本身。指针是 C 语言的一个重要特色，灵活地运用指针可以有效地构建复杂的数据结构。对于每个想深入学习 C 语言的人来说，都应当学习和掌握指针的使用方法。

【本章要点】

（1）指针的概念、定义和操作。

（2）指针与数组。

（3）指针与函数。

【学习目标】

（1）了解指针的概念并掌握其定义方法。

（2）理解指向变量、字符串、函数的指针。

（3）初步掌握指针与数组结合使用的方法。

【课时建议】

讲授 6 课时，上机 2 课时。

10.1　指针概述

10.1.1　变量的地址与指针变量

我们在编程时定义或声明了变量，编译系统就会为该变量分配相应的内存单元，也就是说，每个变量在内存中都有固定的位置，即具体的地址。由于变量的数据类型不同，因此它所占的内存单元数也不相同。

若程序中有如下定义：

```
int a=1, b=2;
float x=3.4, y = 4.5 ;
```

```
double m=3.124;
char ch1='a', ch2='b';
```

让我们看一下编译系统是怎样为变量分配内存的。变量 a、b 是整型变量，在内存中各占 2 字节；x、y 是浮点型变量，各占 4 字节；m 是双精度浮点型变量，占 8 字节；ch1、ch2 是字符型变量，各占 1 字节。由于计算机内存是按字节编址的，若从内存 2000 单元处开始存放变量，则这些变量在内存中一种可能的存放情况如图 10-1 所示。

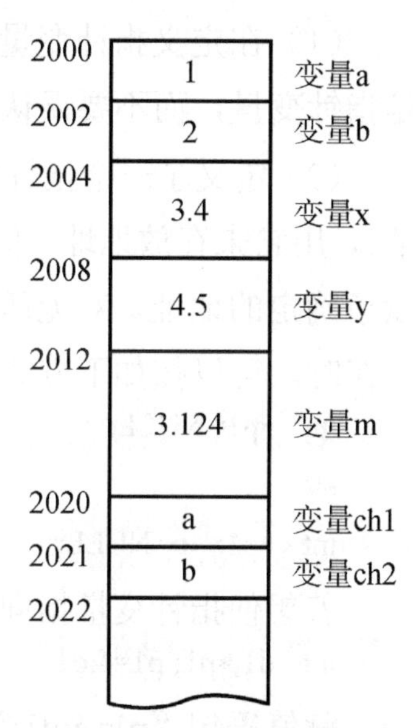

图 10-1　不同数据类型变量在内存中占用的空间

按照数据类型的不同，变量在内存中所占内存的大小也不同，并且都有具体的内存单元地址，如变量 a 的内存地址是 2000，占 2 字节，变量 b 的内存地址为 2002，变量 m 的内存地址为 2012 等。对内存中变量的访问，过去使用 scanf("%d%d%f",&a,&b,&x) 表示将数据输入变量的地址所指示的内存单元。在访问变量时，首先应找到其在内存中的地址，或者说，一个地址唯一对应一个内存变量，我们称这个地址为变量的指针。如果将变量的地址保存在内存的特定区域，并用变量来存放这些地址，这样的变量就是指针变量。通过指针对变量进行访问，就是一种对变量的“间接访问”方式。

C 语言规定可以在程序中定义整型变量、浮点型变量、字符变量等，也可以定义一种特殊的变量，即用于存放地址的变量。例如，可以将变量 a 的地址存放在另一个内存单元中，可定义变量 a_ptr 为存放整型变量的地址，系统为它分配内存地址为 3000 和 3001 的两个字节的内存单元。可以用下面的语句将 a 的地址存放到变量 a_ptr 中。

```
a_ptr=&a;
```

这时，a_ptr 的值就是 2000，即变量 a 所占用单元的起始地址。要存取变量 a 的值，可以先找到存放“a 的地址”的单元地址（3000、3001），从中取出 a 的地址（2000），之后到地址 2000、2001 取出 a 的值 1。这种访问方式称为间接访问方式。

通过地址能找到所需的变量，因此，地址就指向该变量，一个变量的地址称为该变量的指针。例如，地址 2000 是变量 a 的指针，地址 2002 是变量 b 的指针。如果用一个变量专门存放另一个变量的地址，则称它为指针变量。上面提到的 a_ptr 就是一个指针变量，指针变量的值是变量的地址。

10.1.2　指针变量的定义

指针变量就是存放地址的变量。C 语言规定，在使用变量之前必须定义。指针变量定义的一般形式为：

```
类型标识符  *指针变量;
```

例如：

```
int  *p1;
```

上面定义了一个指向整型变量的指针变量p1，即p1是一个存放整型变量的地址的变量。

在定义指针变量时要注意以下几点。

（1）在定义指针变量时必须使用符号“*”，表明其后的变量是指针变量。在本例中，p1是指针变量，而不要误认为*p1是指针变量。

（2）定义了一个指针变量p1后，系统就为这个指针变量分配一个存储单元（一般为2字节），用它来存放地址。但此时该指针变量并未指向确定的整型变量，因为并未为该指针变量赋予确定的地址。对无所指向的指针进行操作，会生成不易查到的错误。当指针所指对象不存在时，可以按如下方式为指针赋初值：

```
int *p1=NULL;              /* 定义指针变量的同时赋初值 */
```

或

```
int *p1; p=NULL;           /* 使用赋值语句给指针变量赋初值 */
```

若想使指针变量指向一个整型变量，则必须将整型变量的地址赋给它。例如：

```
int d1,*p1; p1=&d1;
```

赋值语句“p1=&d1;”的作用就是使指针p1指向变量d1。

（3）指针变量只能指向同一个类型的变量。例如，指针p1可以指向一个整型变量，但不能指向一个浮点型变量。

（4）可以定义指向字符型、浮点型及其他类型的变量的指针。例如：

```
float *p2;
char *ch;
```

10.1.3　指针变量的操作

在C语言中有两个有关指针操作的运算符：地址运算符（&）和指针运算符（间接访问运算符*）。

【例10.1】两个有关指针操作运算符的应用示例。

```
int x=1,y=2;
int *ip;
ip=&x;          /* 指针ip现在指向变量x */
y=*ip;          /* 变量y现在的值为1 */
```

（1）第1行定义x、y为整型变量并赋初值。第2行定义ip为指针变量。注意，它还没有指向任何变量，如图10-2（a）所示。第3行中的&x表示取变量x的地址，并将其赋给指针变量ip，即指针ip指向变量x。第四行中的*ip表示指针变量ip所指向的变量，即x。将*ip（x）的值赋给变量y，所以y的值为1，如图10-2（b）所示。

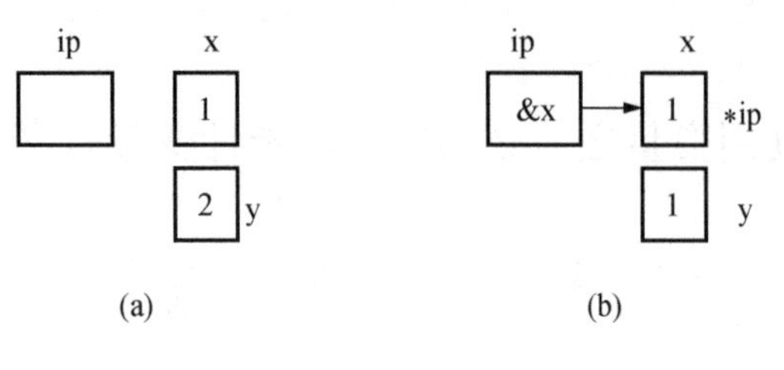

图10-2　【例10.1】示例分析

（2）在第2行和第4行中均出现了*ip，请区分它们的含义。“int *ip;”表示定义指针变量ip，ip前面的“*”只是表示该变量为指针变量。而y=*ip中的*ip

代表的是变量，即指针变量 ip 所指向的变量 x。

（3）第三行“ip=&x”，注意不要写成“*ip=&x”，因为变量 x 的地址是赋给指针变量 ip 而不是赋给整型变量*ip 的。

【例 10.2】输入两个整数，按由大到小的顺序输出。

```
#include <stdio.h>
main()
{
 int  a1,a2,*p1,*p2,*p;
 printf("a1=");
 scanf("%d", &a1);
 printf("a2=");
 scanf("%d", &a2);
 p1=&a1;p2=&a2;
 if  (a1<a2)
   {p=p1;p1=p2;p2=p;}
 printf("a1=%d, a2=%d\n",a1,a2);
 printf("MAX=%d,MIN=%d\n",*p1,*p2);
}
```

运行结果：

```
a1=3↙
a2=5↙
a1=3,a2=5
MAX=5,MIN=3
```

当通过键盘输入 3、5 时，即变量 a1 的值为 3、a2 的值为 5，由于 a1<a2，因此将变量 p1 和 p2 的值交换，交换前的情况如图 10-3（a）所示，交换后的情况如图 10-3（b）所示。

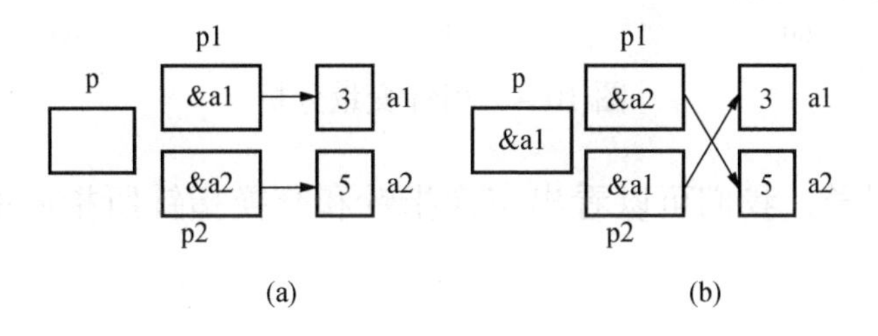

图 10-3 【例 10.2】示例分析

注意，变量 a1 和 a2 的值并未交换，它们仍然保留原值，而变量 p1 和 p2 的值（p1 和 p2 指向的变量）改变了。程序中指针变量 p 的作用是作为交换 p1 和 p2 的值所用的临时变量。复合语句{p=p1;p1=p2;p2=p;}中指针变量之间赋值的三条语句完成了变量 p1 和变量 p2 的值交换的任务。

上例也可通过下面的程序实现。

```
#include <stdio.h>
main()
```

```
{
 int  a1,a2,x,*p1,*p2;
 printf("a1=");
 scanf("%d", &a1);
 printf("a2=");
 scanf("%d", &a2);
 p1=&a1;p2=&a2;
 if  (*p1<*p2)
   {x=*p1;*p1=*p2;*p2=x;}
 printf("a1=%d,a2=%d\n",a1,a2);
 printf("MAX=%d,MIN=%d\n",*p1,*p2);
}
```

运行结果：

```
a1=3↙
a2=5↙
a1=5,a2=3
MAX=5,MIN=3
```

本例中指针 p1 和 p2 指向的变量并未改变，它们仍然保留原值。但指针 p1 和 p2 所指向的变量的值发生了变化。程序中变量 x 的作用就是作为交换*p1（指针 p1 所指向的变量）和*p2（指针 p2 所指向的变量）的值所需的临时变量。复合语句{x=*p1;*p1=*p2;*p2=x;}中三条赋值语句完成了*p1 和*p2 的值交换的要求，如图 10-4 所示。

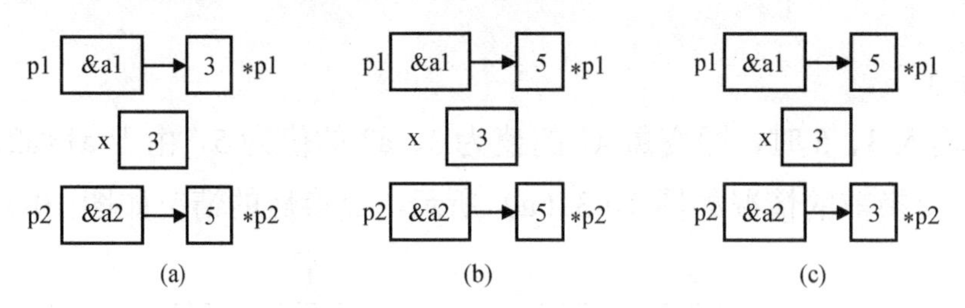

图 10-4　指针变量分析

通过上面的几个例子，我们可以看出交换指针和交换指针所指向的变量的值有着本质的区别。

10.2　指针与数组

变量在内存中存放是有地址的，数组在内存中存放也同样具有地址。对于数组来说，数组名就表示数组在内存中存放的首地址。指针变量是用于存放变量的地址的，它可以指向变量，当然也可存放数组的首地址或数组元素的地址，这就是说，指针变量可以指向数组或数组元素。对于数组而言，数组和数组元素的引用也同样可以使用指针变量。下面分别介绍指针与不同类型的数组之间的关系。

10.2.1 一维数组的指针

1. 用指针表示一维数组的方法

假设我们定义一个一维数组，该数组在内存中有一个系统分配的存储空间，该数组的名称就表示数组在内存中的首地址。若再定义一个指针变量，并将数组的首地址传给指针变量，则该指针就指向了这个一维数组。我们说数组名表示数组的首地址，也就是数组的指针。而定义的指针变量就是指向该数组的指针变量。对一维数组的引用，既可以使用传统的数组元素下标法，也可使用指针的方法。

```
int a[10] , *ptr;      /* 定义数组与指针变量* /
```

使用赋值操作："ptr=a;"或"ptr=&a[0];"。

这样 ptr 就得到了数组的首地址。其中，a 是数组名，它表示数组的首地址，&a[0]是数组元素 a[0]的地址。由于 a[0]的地址就是数组的首地址，因此，两个赋值操作的效果完全相同。指针 ptr 指向数组 a。

若指针 ptr 指向一维数组，现在看一下 C 语言中用指针表示数组的方法。

（1）ptr+n 与 a+n 表示数组元素 a[n]的地址，即&a[n]对整个 a 数组来说，共有 10 个元素，n 的取值为 0～9，这样数组元素的地址就可以表示为 ptr+0～ptr+9 或 a+0～a+9，与&a[0]～&a[9]完全一致。

（2）了解了数组元素的地址表示方法，我们就知道*(ptr + n)和*(a+n）表示数组的各元素，等效于 a[n]。

（3）指向数组的指针变量也可用数组的下标形式表示为 ptr[n]，其效果相当于*(ptr+n)。

【例 10.3】从键盘输入 10 个数，用以下格式输入/输出数组各元素。

```
# include <stdio.h>
main()
{
 int n,a[10],*ptr=a;
 for(n = 0;n<=9;n++)
    scanf( "%d" , &a[n]);
 printf("1———output! \n");
 for(n=0;n<=9;n++)
    printf("%4d",a[n]);
 printf("\n");
}
```

运行结果：

```
1 2 3 4 5 6 7 8 9 0↙
1———output!
   1   2   3   4   5   6   7   8   9   0
```

【例 10.4】使用指针输入/输出数组各元素。

```
# include<stdio.h>
```

```
main()
{
  int n,a[10],*ptr=a;    /*定义的同时对指针变量进行初始化*/
  for(n=0;n<=9;n++)
     scanf("%d",ptr+n) ;
  printf("2———output! \n") ;
  for(n=0;n<=9;n++)
     printf("%4d",*(ptr+n));
  printf("\n");
}
```

运行结果：

```
1 2 3 4 5 6 7 8 9 0↙
2———output!
   1  2  3  4  5  6  7  8  9  0
```

2. 指针的运算

（1）加减算术运算。

对于指向数组的指针变量，可以加上或减去一个整数 *n*。设 pa 是指向数组 a 的指针变量，则 pa+n、pa-n、pa++、++pa、pa--、--pa 运算都是合法的。将指针变量加或减一个整数 *n* 的意义是，把指针指向的当前位置（指向某数组元素）向前或向后移动 *n* 个位置。应该注意，数组指针变量向前或向后移动一个位置和地址加 1 或减 1 在概念上是不同的。因为数组可以有不同的类型，各种类型的数组元素所占的字节长度是不同的。如果指针变量加 1，即向后移动 1 个位置，则表示指针变量指向下一个数据元素的首地址，而不是在原地址基础上加 1。

例如：

```
int a[5],*pa;
pa=a;           /*pa指向数组a，也指向a[0]*/
pa=pa+2;        /*pa指向a[2]，即pa的值为&pa[2]*/
```

指针变量的加减运算只适合数组指针变量，对于指向其他类型变量的指针，这种加减运算是毫无意义的。

（2）两个指针变量之间的运算。

只有指向同一个数组的两个指针变量之间才能进行运算，否则运算毫无意义。

① 两个指针变量相减。

两个指针变量之差是两个指针所指数组元素之间相差的元素个数。两个指针变量相减实际上是两个指针值（地址）相减的差，再除以该数组元素的长度（字节数）。例如，pf1 和 pf2 是指向同一个浮点数组的两个指针变量，设 pf1 的值为 2010H，pf2 的值为 2000H，而浮点数组每个元素占 4 字节，则 pf1 与 pf2 相减的结果为(2010H−2000H)/4=4，表示 pf1 和 pf2 所指数组元素之间相差 4 个元素。两个指针变量不能进行加法运算，例如，pf1+pf2 是什么意思呢？毫无实际意义。

② 两个指针变量进行关系运算。

指向同一个数组的两个指针变量可进行关系运算，例如：

pf1= =pf2 表示 pf1 和 pf2 指向同一个数组元素。

pf1>pf2 表示 pf1 处于高地址位置。

pf1<pf2 表示 pf2 处于低地址位置。

注 意

指针变量还可以与 0 比较。设 p 为指针变量，p==0 表明 p 是空指针，它不指向任何变量；p!=0 表示 p 不是空指针。空指针是由对指针变量赋予 0 值而得到的。例如，“#define NULL 0 int*p=NULL;”对指针变量赋 0 值和不赋值是不同的。指针变量未被赋值时，它可以是任意值，是不能使用的，否则会导致意外错误。而为指针变量赋 0 值后，可以使用它，只是它不指向具体的变量而已。

10.2.2 二维数组的指针

定义一个二维数组“int a[3][4];”，该二维数组有 3 行 4 列共 12 个元素，在内存中按行存放，存放形式如图 10-5 所示。其中，a 名称表示二维数组的首地址，可把 a 看作由三个元素 a[0]、a[1]、a[2]组成的一维数组。所以：

a+0 或 a	等价于	&a[0]
a+1	等价于	&a[1]
a+2	等价于	&a[2]
a 或(a+0)	等价于	a[0]
*(a+1)	等价于	a[1]
*(a+2)	等价于	a[2]

也就是*(a+i)等价于 a[i]，a+i 等价于&a[i]。

而每个元素 a[i](0=<i<=2)相当于由 4 个元素 a[i][0]、a[i][1]、a[i][2]、a[i][3]组成。

a[i]+j	等价于 &a[i][j]	(0=<j<=3)
*(a[i]+j)	等价于 a[i][j]	

所以，*(a+i)+j 等价于&a[i][j]、*(*(a+i)+j)等价于 a[i][j]。

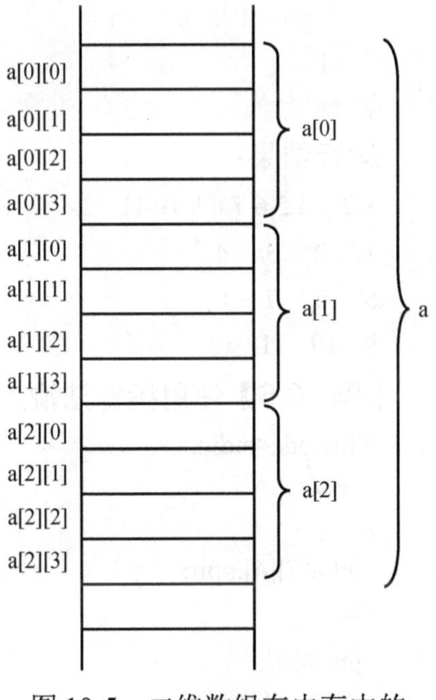

图 10-5 二维数组在内存中的存放形式

我们定义的二维数组其元素类型为整型，每个元素在内存占两个字节。假定二维数组从 1000 单元开始存放，则按行存放的原则，数组元素在内存的存放地址为 1000～1022。使用地址法来表示数组各元素的地址。对于元素 a[1][2]，则& a[1] [2]是其地址，a[1]+2 也是其地址。分析 a[1]+1 与 a[1]+2 的地址关系，它们地址的差并非整数 1，而是一个数组元素所占字节数 2，原因是每个数组元素占两个字节。对于 0 行首地址与 1 行首地址 a 与 a+1 来说，它们的地址差同样也并非整数 1，是一行，四个元素占的 8 字节。由于数组元素在内存连续存放，因此给指向整型变量的指针传递数组的首地址，则该指针就指向二维数组。例如：

```
int *ptr, a[3][4];
```

若赋值：ptr=a[0]；则使用 ptr++就能访问数组的各元素。

【例 10.5】使用地址法输入/输出二维数组各元素。

```
#include <stdio.h>
main()
{
  int a[3][4];
  int i,j;
  for(i=0;i<3;i++)
     for(j=0;j<4;j++)
        scanf("%d" ,a[i]+j) ; / *地址法*/
  for(i=0;i<3;i++)
     {
        for(j=0;j<4;j++)
        printf("%4d",*(a[i]+j));      /* *(a[i]+j)是使用地址法所表示的数组元素* /
       printf("\n");
     }
}
```

运行结果：

```
1 2 3 4 5 6 7 8 9 10 11 12↙
1    2    3    4
5    6    7    8
9   10   11   12
```

【例 10.6】使用指针法输入/输出二维数组各元素。

```
# include<stdio.h>
main()
{
  int a[3][4],*ptr;
  int i,j;
  ptr=a[0];
  for(i=0;i<3;i++)
     for(j=0;j<4;j++)
        scanf("%d",ptr++);      / *指针表示方法* /
  ptr=a[0];
  for(i=0;i<3;i++)
     {
        for(j=0;j<4;j++)
        printf("%4d",*ptr++);
        printf("\n");
     }
}
```

运行结果：

```
1 2 3 4 5 6 7 8 9 10 11 12↙
1   2   3   4
5   6   7   8
9  10  11  12
```

对指针法而言，可以把二维数组看作展开的一维数组：

```
# include <stdio.h>
main()
{
  int a[3][4],*ptr;
  int i,j;
  ptr=a[0];
  for(i=0;i<3;i++)
    for(j=0;j<4;j++)
        scanf("%d" ,ptr++) ; / *指针表示方法* /
  ptr=a[0];
  for(i=0;i<12; i++)
    printf("%4d" ,*ptr++);
  printf("\n");
}
```

运行结果：

```
1 2 3 4 5 6 7 8 9 10 11 12↙
1  2   3   4   5   6   7   8   9  10  11  12
```

10.2.3 指向字符串的指针

在C语言中，字符串是用字符数组来存放的。因此在对字符串操作时，可以定义字符数组，也可以定义字符指针（指向字符型数据的指针）来存取所需的字符。

【例 10.7】利用字符指针访问字符串。

```
#include <stdio.h>
main()
{
  char   str[ ]="A String";
  char   *p;
  p=str;
  while (*p)
    putchar(*p++);
}
```

运行结果：

```
A String
```

说明：

（1）在该例中，定义了一个字符型数组 str，并赋初值为字符串“A String”，如图 10-6 所示。

（2）定义 p 是指向字符型数据的指针变量。

（3）将字符型数组 str 的起始地址赋给指针变量 p，也就是使 p 指向 str[0]，如图 10-7 所示。

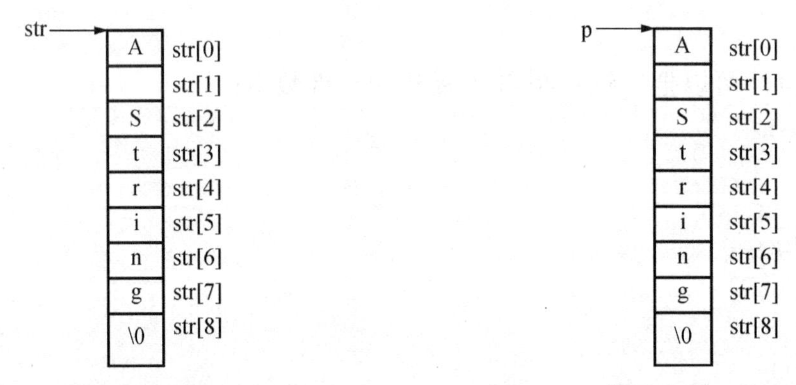

图 10-6　数组名 str 指向 str[0]　　　　图 10-7　指针变量 p 指向 str[0]

（4）使用 while 语句输出字符串“A String”。我们知道，循环条件表达式的值为零（假）时循环结束。在这里是当*p 的值为'\0'（字符串的结束标志）时，循环结束。所以该条件表达式也可以表示成：*p!= '\0'。*p++的含义前面已介绍过了。

（5）程序中的 while 循环也可以使用下面的 for 循环来替代：

```
for (;*p!='\0';p++)
  printf("%c\n",*p);
```

在此，printf 函数中使用"%c"格式符逐个输出指针变量 p 所指向的字符。p++使 p 指向下一个元素，如此反复。只要 p 没有指向'\0'，就执行 printf 函数。

（6）输出字符串时也可以使用"%s"格式符。

```
printf("%s\n",str);
```

或

```
printf("%s\n",p);
```

作用都是输出字符串“A String”。在使用格式符"%s"输出时是这样进行的：从给定的地址（str 或 p）开始逐个字符输出，直到遇到'\0'为止。

（7）本例也可以不定义字符数组，而直接定义一个字符型指针变量指向一个字符串。例如：

```
#include  <stdio.h>
main()
{
 char  *p="A String";
 while (*p)
   putchar(*p++);
}
```

在程序中虽然没有定义字符数组，但字符串在内存中仍以数组形式存放。它有一个起始地址，占用一片连续的存储单元，以字符'\0 '作为结束标志。char　*p="A String";定义字符型指针变量p，并使p指向字符串“A String”的起始地址。在此一定要注意，是把字符串的起始地址赋给了p，而不是将字符串中的字符赋给了p。同样也不能理解为把字符串赋给*p。

【例 10.8】利用一维数组的下标也可以访问字符串。例如：

```
#include   <string.h>
main()
{
 char   *p="A String";
 int   i;
 for (i=0;i<strlen(p);i++)
  prinrf("%c",p[i]);
}
```

运行结果：

```
A String
```

在本例中，定义p是一个字符串指针并为其赋初值。但在输出语句中并没有使用指针，而是利用了一维数组下标的变化实现对字符串中字符的访问。道理很简单，无论是字符串还是字符型数组的元素，都是连续存放在内存中的。p[i]和*(p+i)两种引用方法是等价的。

10.3 指针与函数

指针作为C语言的重要组成部分，在函数方面的应用非常广泛。本节主要介绍作为函数参数的指针、返回指针值的函数以及指向函数的指针变量三个方面的关系。

10.3.1 指针作为函数的参数

在C语言中，函数的参数传递有两种方式：传递值和传递地址。前面讲过的整型数据、浮点型数据或字符型数据等都可以作为函数参数进行传递。对于这些类型的数据，传递的是变量的值，因此为“值传递”方式。学习了指针变量的概念后，就可以进一步学习使用指针变量作为函数参数。我们知道，指针变量的值是一个地址，当指针变量作为函数参数时，传递的是一个指针变量的值，但这个值是另外一个变量的地址。因此，这种把变量的地址传递给被调用函数的方式称为“地址传递”方式。

【例 10.9】利用指针作为函数参数，实现对输入的两个整数交换值后输出。

```
# include <stdio.h>
void  swap(int  *px, int  *py)
{
 int  temp;
 temp=*px;
 *px=*py;
 *py=temp;
}
```

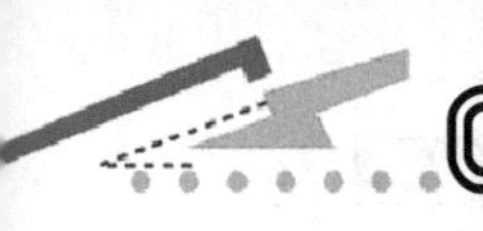


```
main()
{
 int  x,y;
 int  *p1,*p2;
 scanf("%d,%d",&x,&y);
 printf("x=%d,y=%d\n",x,y);
 p1=&x; p2=&y;
 swap(p1,p2);
 printf("x=%d,y=%d\n",x,y);
}
```

运行结果：

通过键盘输入：

```
10,20↙
```

则输出：

```
x=10,y=20
x=20,y=10
```

说明：

（1）函数 swap 是用户自定义的函数，它的作用是交换两个指针变量（形参 px 和 py）所指向的变量的值（本例中是 x 和 y 的值）。

（2）在主函数中定义了两个整型变量 x 和 y，两个指针变量 p1 和 p2，然后输入 x 和 y 的值（假设输入 10 和 20），并且输出以便与将来交换后再输出的值形成对比。

（3）赋值语句“p1=&x;”和“p2=&y;”的作用是使 p1 指向整型变量 x，p2 指向整型变量 y，如图 10-8（a）所示。

（4）在执行 swap 函数时，将实参变量 p1 和 p2 的值（x 和 y 的地址）传递给形参变量 px 和 py（注意 px 和 py 也必须是指向整数类型的指针变量）。这样 px 和 py 的值实际上就是整型变量 x 和 y 的地址，如图 10-8（b）所示。函数执行过程中通过三条赋值语句使*px 和*py 的值互换，也就是使指针变量 px 和 py 所指向的变量 x 和 y 的值互换，如图 10-8（c）所示。函数执行完后，函数中的形参变量 px 和 py 不存在了，但变量 x 和 y 仍然存在，如图 10-8（d）所示。

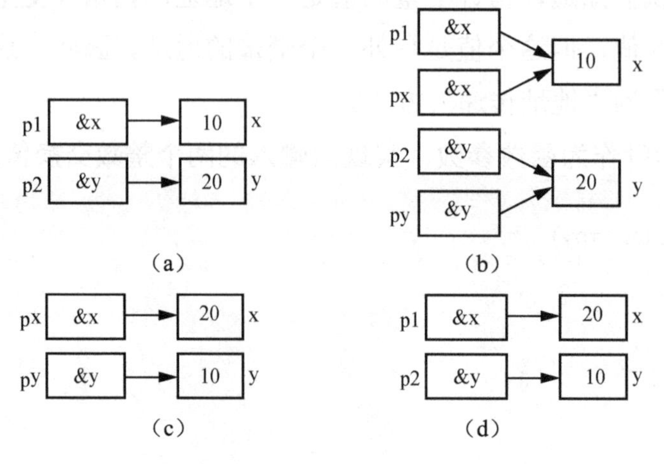

图 10-8　利用指针交换两个变量的值

（5）printf 函数输出的 x 和 y 的值是交换后的值。

（6）函数 swap 没有返回值，但在主函数中却得到了两个被改变了的变量的值。

【例 10.10】利用指向一维数组元素的指针变量作为函数参数，将数组中各元素按相反顺序输出。

```
# include <stdio.h>
void  swap(int  *px , int  *py)
{
  int  x;
  x=*px;
  *px=*py;
  *py=x;
}
main()
{
  int  i,a[10]={0,1,2,3,4,5,6,7,8,9};
  int  *p1,*p2;
  printf("The original array:\n");
  for (i=0; i<10; i++)
     printf("%d  ",a[i]);
  printf("\n");
  for (i=0; i<5; i++)
    {p1=&a[i];
     p2=&a[10-1-i];
     swap(p1,p2);
}
printf("The inverted array:\n");
for (i=0; i<10; i++)
  printf("%d  ",a[i]);
}
```

运行结果：

```
The original array:
0  1  2  3  4  5  6  7  8  9
The inverted array:
9  8  7  6  5  4  3  2  1  0
```

函数 swap 的作用是交换指针 px 和 py 所指向的两个变量的值。由于在主函数中指针 p1 和 p2 指向的是两个数组元素，也就是说将 p1 和 p2 这两个指向数组元素的指针变量作为实参。swap 函数被调用时，将 p1 和 p2 传递给 px 和 py。然后在函数中完成 px 和 py 所指向的变量值的交换，也就是交换两个数组元素的值。

前面我们曾经介绍过，数组名代表数组的起始地址。那么数组名也可以作为函数的形参和实参。

上例可改写为如下程序：

```
# include <stdio.h>
void  invert(int  p[ ], int  n)
```

```
{
 int  i ,x;
 for (i=0; i<n/2; i++)
  {
x=p[i];  p[i]=p[n−1−i];  p[n−1−i]=x;
  }
}
main()
{
 int  i,a[10]={0,1,2,3,4,5,6,7,8,9};
 printf("The original array:\n");
 for (i=0; i<10; i++)
   printf("%d  ",a[i]);
 invert(a,10);
 printf("The inverted array:\n");
 for (i=0; i<10; i++)
   printf("%d  ",a[i]);
}
```

在主函数中，数组名 a 作为实参，系统将其起始地址传递给被调函数 invert 中的形参 p。在 invert()函数中，不具体定义形参数组 p 的大小。数组元素的个数由形参变量 n 传入，这样可以增加函数的灵活性。在这里函数 invert 中的形参数组 p 实际上是一个指针变量，它只有在函数被调用时，才被赋予一个具体的初值。因此本函数的定义也可以改为 void invert（int *p, int n)。同理，主函数中的实参数组名 a 代表的是数组的起始地址，它是一个地址常数。我们也可以定义一个指针变量指向数组中的某个元素，如“int *pointer1; pointer1=&a[0];”（数组的首地址），主函数中的函数调用语句可改为“invert（pointer1，10）”。

总结以上说明，函数的实参和形参均可采用数组名或指针变量，其对应关系如表 10-1 所示。

表 10-1 函数的实参与形参的对应关系

实参	形参
数组名	数组名
数组名	指针变量
指针变量	数组名
指针变量	指针变量

10.3.2 返回指针值的函数

一个函数的类型是由其返回值类型决定的，若函数返回值类型为字符（char）型，则称它为字符型函数。同理，如果一个函数的返回值类型为指针，则称它为指针函数，其概念与其他函数没有本质区别，只是在函数返回时带回的是指针类型的值。

返回指针值的函数，一般定义形式为：

```
类型标识符 *函数名(形参表)
{ 函数体 }
```

其中，“类型标识符”表示函数返回的指针所指向的类型，函数名前的“*”表示此函数的返回值是指针值。

【例 10.11】编写函数，求一维数组中的最大值。

```
# include <stdio.h>
int *max(int a[ ],int n)
{
int *p, i;
for (p=a, i=1;i<n;i++)
   if (*p<a[i]) p=a+i;
   return(p);
}
main()
{
int a[10], *q, i;
printf("输入 10 个整数：\n");
for (i=0;i<10;i++)
   scanf ("%d",&a[i]);
q=max(a, 10);
printf("\n 最大值为：%d",*q);
}
```

运行结果：

```
输入10个整数：
34 22 39 55 13 88 32 45 65 67↙
最大值为：88
```

说明：在函数 max 中定义指针变量 p，使 p 指向数组中的最大值，最后返回指针变量 p 的值（地址）到主调函数中。

10.3.3 指向函数的指针

前面我们学习了可以指向整型变量、字符串、数组的指针变量，现在我们来学习指向函数的指针。

如果在程序中定义了一个函数，那么编译时系统会为函数分配一段存储空间。这段存储空间有一个起始地址，称为函数的入口地址，函数名即代表了函数的起始地址。每次调用函数时，通过函数名得到函数的起始地址，并从该地址开始执行函数代码。

函数的起始地址就是函数的指针。

【例 10.12】 指向函数的指针的应用。

```
#include  <stdio.h>
int sum(int  x, int  y)
{
 return x+y;
}
```

```
main()
{
 int  a=10, b=20, c1, c2;
 int  (*p)(int, int );        // 定义指向函数的指针变量p
 p=sum;                       // 使p指向sum函数
 c1=(*p)(a,b);                // 通过指针变量调用sum函数
 c2=sum(a,b);                 // 通过函数名调用sum函数
 printf("%d+%d=%d\n", a,b,c1);
 printf("%d+%d=%d\n", a,b,c2);
}
```

运行结果：

```
10+20=30
10+20=30
```

说明：

（1）函数sum()返回整型值，p是一个指向函数（此函数的返回值为整型）的指针变量。注意使用圆括号把*p括起来，否则C语言编译系统将把它视为返回值为指针（该指针指向整型变量）的函数。

（2）赋值语句“p=sum;”的作用是，将函数的入口地址赋给指针变量 p。如同数组名代表数组起始地址一样，函数名代表函数的入口地址。无须任何括号和参数，更不需要使用地址运算符‘&’。这时p就是指向函数sum的指针变量。

（3）赋值语句“c1=(*p)(a,b);”中(*p)的作用就是调用函数sum()，即通过指向函数的指针变量p间接调用函数sum()。(*p)后面的实参表必须与sum()函数中定义的形参表一致，调用后的返回值是一整型变量值，即x+y的值。

（4）在程序中，分别用函数名和指向函数的指针变量来调用sum()函数，从运行结果来看，两种调用方法的作用是相同的。

（5）指向函数的指针变量只能指向函数的入口处，而不能指向函数中的某一条具体语句。因此像p++、p--、p+n等这样的指针运算是没有意义的。

前面曾讲过，函数名代表函数的入口地址，因此函数名可以作为参数传递，被调函数中相应的形参必须说明为指向函数的指针变量类型。

【例10.13】函数名作为参数。

```
# include <stdio.h>
main()
{
 int add(int x, int y);
 int times(int x, int y);
 int  sum(int  (*f1)( int,int), int  (*f2)(int,int ), int  a, int  b);
 int  a=10, b=20, c;
 c=sum(add, times, a, b);
```

```
 printf("sum=%d\n", c);
}
int  add(int  x, int  y)
{
 return x+y;
}
int  times(int  x, int  y)
{
 return x*y;
}
int  sum(int  (*f1)(int,int ), int  (*f2)(int,int ), int  a, int  b)
{
 return (*f1)(a, b)+(*f2)(a, b);
}
```

运行结果：

```
sum=230
```

说明：

（1）在赋值语句“c=sum(add,times,a,b);”中实参 add 和 times 分别与 sum()函数的形参 f1 和 f2 相对应，即在运行中将两个实参函数名的首地址传递给 sum()函数的形参 f1 和 f2。

（2）sum()函数的形参 f1 和 f2 是两个指向函数的指针变量。

（3）sum()函数利用形参指针变量 f1 和 f2 间接调用 add()函数和 times()函数，将间接调用的两个函数的返回值相加后的结果，作为 sum()函数的返回值返回给 main()函数中的变量 c，最后输出变量 c 的值。

习题十

1. 选择题

（1）若已定义“int *p,a;”，则语句“p=&a”中的运算符“&”的含义是（　　）。

A. 位与运算　　B. 逻辑与运算　　C. 取指针内容　　D. 取变量地址

（2）下面程序段的运行结果是（　　）。

```
char s[10],*sp=”HELLO”;
strcpy(s,sp);
s[0]='h';s[6]= '! ';
puts(s);
```

A. hELLO　　B. HELLO　　C. hHELLO!　　D. h!

（3）若有定义 int a[3][5],i,j;（且 0≤i<3,0≤j<5），则 a[i][j]的地址不正确的是（　　）。

A. &a[i][j]　　B. a[i]+j　　C. *(a+i)+j　　D. *(*(a+i)+j)

（4）若有以下程序：

```
#include <stdio.h>
main(int argc,char *argv[])
{
 while(--argc)
 printf("%s",argv[argc]);
 printf("\n");
}
```

该程序经编译和连接生成可执行文件 S.EXE。

现在 DOS 提示符下键入 S AA BB CC 并按回车键，则输出结果是（　　）。

A. AABBCC　　B. AABBCCS　　C. CCBBAA　　D. CCBBAAS

2. 填空题

（1）下面的程序段用来输出字符串。

```
#include <stdio.h>
main()
{
 char *a[]={"for", "switch", "if ", "while"};
 char **p;
 for(p=a;p<a+4;p++)
   printf("%s\n",________);
}
```

（2）下面程序中，exchange()函数的调用语句为“exchange(&a,&b,&c);”。该函数将 3 个数按由小到大的顺序调整后依次放入 a,b,c 三个变量中，a 中放最大值。

```
void  swap(int *pt1,int *pt2)
{
  int t;
  t=*pt1;*pt1=*pt2;*pt2=t;
}
void exchange(int *q1,int *q2,int *q3)
{
  if(*q3>*q2)  swap(________);
  if(*q1<*q3)  swap(________);
  if(*q1<*q2)  swap(________);
}
```

（3）下面的函数用来求出两个整数之和，并通过形参将结果传回。

```
void func(int x,int y, ________ z)
{ *z=x+y; }
```

（4）下列程序的输出结果是__________。

```
#include <stdio.h>
void fun(int *n)
```

```
{
  while( (*n)-- >= 0)
  printf("%d ",*n);
}
main()
{
  int a=10;
  fun(&a);
}
```

3. 分析下列程序，写出运行结果

（1）

```
#include <stdio.h>
main()
{
  int a=12, b=33, *pa, *pb;
  pa=&a; pb=&b;
  printf("max=%d\n", *pa>*pb?*pa:*pb);
}
```

（2）

```
#include <stdio.h>
main()
{
  char  s[ ]="ABCDE", *p;
  for (p=s; p<s+5; p++)
  printf("%s\n",p);
}
```

（3）

```
#include <stdio.h>
void  as(int x, int y, int *cp, int *dp)
   {*cp=x+y; *dp=x−y;}
   main()
   {
     int a=4,b=3,c,d;
     as(a,b,&c,&d);
     printf("%d,%d\n",c,d);
   }
```

（4）

```
#include  <stdio.h>
#include  <string.h>
void  fun(char  *w, int  m)
   {
     char  s,*p1,*p2;
```

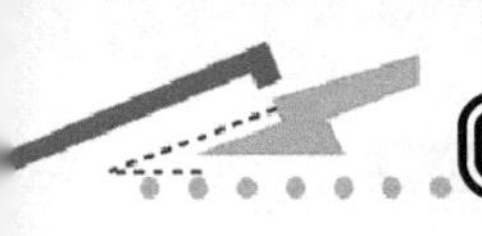


```
p1=w; p2=w+m-1;
while (p1<p2)
  {s=*p1; *p1=*p2; *p2=s; p1++; p2--;}
main()
{
  char  a[ ]="ABCDEFG";
  fun(a, strlen(a));
  puts(a);
}
```

4. 编程题

（1）输入三个数，要求设三个指针变量 p1、p2 和 p3，使 p1 指向三个数的最小数，p2 指向中间数，p3 指向最大数，然后按由小到大的顺序输出。

（2）编写一个函数，使 *n* 个整数按由小到大的顺序排列。要求在主函数中输入 10 个数，并输出排好序的数。

（3）通过键盘输入一行字符，统计其中大写字母和小写字母的个数（要求利用函数来实现）。

（4）编写一个函数 index，要求该函数从一个字符串 str 中寻找一个字符 ch 第一次出现的位置（返回地址形式）。如果在字符串中找不到指定的字符，则返回 0（提示：此函数的定义形式为 char *index(char *str, char ch)）。

上机实习指导

一、学习目标

本章重点介绍指针的基本概念和初步应用。应该说，指针是 C 语言的重点，也是 C 语言的特色。但是指针的使用太灵活，运用不当可能会使整个程序遭受破坏。因此，读者使用指针时特别小心，多上机调试程序，以便能灵活应用。通过学习本章，读者应达到以下要求。

（1）了解指针的概念、指针变量的定义、取地址运算符（&）和指针运算符（*）的应用。

（2）理解指向简单变量、字符串、函数的指针。

（3）理解指针变量与简单变量在用法上的区别，初步掌握指针在编程中的使用方法。

二、应注意的问题

（1）关于指针变量的定义。

指针变量不同于整型、浮点型、字符型和其他类型的变量，它是用来存放地址的。例如，int *p; 定义 p 是指针变量，千万不要把*p 理解为指针变量。*p 是指针变量所指向的变量，它是一个整型变量。

（2）关于数组名作为函数的形式参数。

在函数中可以使用数组名作为参数。但这时的数组名实际上是一个指针变量，系统并不为这个形参数组分配具体的存储单元，而是让它与实参数组共用一片空间。

上机实习　指针的简单应用

一、目的要求

（1）了解指针变量的定义及取地址运算符（&）和指针运算符（*）的应用。

（2）初步掌握指向一维数组的指针变量的定义及应用。

（3）初步掌握指针变量作为函数参数的传递方式。

二、上机内容

1. 运行程序，分析并观察运行结果

（1）

```
#include <stdio.h>
main()
{
 int *p,a;
 scanf("%d",&a);
 p=&a;
 printf("%d",*p);
}
```

（2）

```
#include <stdio.h>
main()
{
 char   *p, *s="abcdef ";
 p=s;
 while (*p!='\0')   p++;
 printf("%d\n", p-s);
}
```

（3）

```
#include <stdio.h>
func(int *t)
{
 *t=10 ;
```

```
}
main()
{
 int *p,a;
 a=2;
 p=&a;
 func(p);
 printf("a=%d",a);
}
```

（4）

```
#include <stdio.h>
int ff (int   b[ ], int   n)
{
 int   i, r;
 r =1;
 for (i=0; i<n; i++)
    r =r*b[i];
 return(r);
}
main()
{
 int   x, a[ ]={2,3,4,5,6,7,8,9};
 x=ff(a,3);
 printf("%d\n" , x);
}
```

2. 完善程序

请在横线处填写正确的表达式或语句，使程序完整。上机调试程序，使之能将一个字符串的内容颠倒过来。

```
#include <stdio.h>
#include <string.h>
void inv(char   str[ ])
{
 int   i,j,____;
 for (i=0,j=strlen(str)______ ; i<j; i++, j--)
   {k=str[i]; str[i]=str[j]; _______}
}
main()
{
 char   *p;
 gets(p);
 inv(p);
 puts(p);
}
```

反侵权盗版声明